U0303814

R 语言应用系列

Seamless R and C++ Integration with Rcpp

Rcpp:R 与 C++的无缝整合

[法]德克·埃德比特尔　著

Dirk Eddelbuettel

寇　强　张　晔　译

西安交通大学出版社

Xi'an Jiaotong University Press

Translation from the English language edition:
Seamless R and C++ Integration with Rcpp by Dirk Eddelbuettel
Copyright © The Author 2013
Springer is a part of Springer Science+Business Media
All Rights Reserved
本书中文简体字版由施普林格科学与商业传媒公司授权西安交通大学出版社独家出版发行。
未经出版者预先书面许可，不得以任何方式复制或发行本书的任何部分。
陕西省版权局著作权合同登记号　图字 25-2014-077 号

图书在版编目(CIP)数据

Rcpp：R 与 C++的无缝整合 / (法)埃德比特尔著；寇强，张晔译. —西安：西安交通大学出版社，2015.12
(R 语言应用系列)
书名原文：Seamless R and C++ Integration with Rcpp
ISBN 978-7-5605-8110-1

Ⅰ.①R…　Ⅱ.①埃…　②寇…　③张…　Ⅲ.①程序语言-程序设计
Ⅳ.①TP312

中国版本图书馆 CIP 数据核字(2015)第 273528 号

书　　名　Rcpp：R 与 C++的无缝整合
著　　者　[法]德克・埃德比特尔
译　　者　寇　强　张　晔
责任编辑　李　颖

出版发行　西安交通大学出版社
　　　　　(西安市兴庆南路 10 号　邮政编码 710049)
网　　址　http://www.xjtupress.com
电　　话　(029)82668357　82667874(发行中心)
　　　　　(029)82668315(总编办)
传　　真　(029)82668280
印　　刷　陕西宝石兰印务有限责任公司

开　　本　720mm×1000 mm　1/16　印　　张　17
印　　数　0001～2500 册　字　　数　264 千字
版次印次　2015 年 12 月第 1 版　2015 年 12 月第 1 次印刷
书　　号　ISBN 978-7-5605-8110-1/TP・706
定　　价　55.00 元

读者购书、书店添货、如发现印装质量问题，请与本社发行中心联系、调换。
订购热线：(029)82665248 (029)82665249
投稿热线：(029)82665397
读者信箱：banquan1809@126.com
版权所有　侵权必究

To Lisa, Anna and Julia

中译本序

R 语言是一门主要用于数据处理、统计分析和可视化作图的解释型脚本语言。作为一门编程语言，R（及其“前身”S 语言）在设计之初就面临一个二选一的难题：语言的设计是应该面向用户，让使用者可以快速地建模，还是应该面向机器，以使得代码可以高速地在计算机上运行？最终，语言的设计者们选择了前者，其理念是“人的时间”比“机器的时间”更为宝贵。在 R 语言诞生后的十几年间，事实证明这个最初的决定使得 R 逐渐发展为一门具有高度灵活性和可扩展性的统计编程语言，进而极大地促进了其背后 R 语言社区的发展壮大。

然而，语言的简洁性和灵活性并非恒久不变的法则。随着统计模型越来越复杂，数据量越来越大，众多的 R 语言开发者和使用者开始发现效率成为了这门语言的一个瓶颈。“人的时间”固然宝贵，但“人等待机器的时间”同样不可忽视。如何在保持语法不变的同时提升程序执行的效率，成为了 R 语言开发者们一个十分关注的话题。

事实上，在 R 语言诞生的初期，其核心开发团队就给出了一个解决方案：将计算密集的算法用 C/C++ 实现，然后在 R 中调用这部分代码。R 语言提供了一系列的 API（应用程序接口）来实现它与其他语言的交互，但在很长的一段时间里，积极使用这些接口的 R 软件包开发者并不占多数，其中可能最重要的一个原因就是这些接口的使用相对繁琐，且文档资料也不够丰富，开发者空有屠龙之刀，却无屠龙之技。

幸运的是，这一局面在 **Rcpp** 横空出世后被彻底打破。我第一次听说 **Rcpp** 是在 2009 年，当时在统计之都论坛的帖子上（`http://cos.name/cn/topic/17665/`）大家在讨论如何用 R 调用 C++ 程序，于是经过一些搜索后我从 R 的软件仓库中找到了这个软件包。当时的 **Rcpp** 核心只有两个文件，代码总量不到 2000 行，但那时它已经可以极大地简化 R 与 C++ 之间的交互。现如今，**Rcpp** 的代码量已经接近 10 万行，在 R 的官方软件包仓库中有超过 300 个软

件包直接依赖于 **Rcpp**，而它也成为了被依赖次数最多的 R 语言扩展包（除去 R 自身默认提供的扩展包），没有之一。

总的来说，**Rcpp** 定义了一系列的类、函数和接口来增强 R 与 C++ 之间的交互性。用户只需懂得基本的 C++ 知识，就可以写出丰富的可供 R 调用的 C++ 程序。与 R 中传统的 C 语言 API 相比，**Rcpp** 利用了更为现代的 C++ 编程技术，故而其语法更为简洁，也更富表现力和可读性。此外，**Rcpp** 还特意针对 R 软件包开发提供了一系列便捷的辅助程序，使得开发者可以快速地部署项目，开发软件包，省去了许多繁琐而枯燥的设置。或许，这正是 **Rcpp** 能迅速地获得 R 软件包开发者青睐的原因。

本书的原作者，Dirk Eddelbuettel，正是 **Rcpp** 从最早到现在开发工作的主导者。从这个角度来说，由作者自己来阐述 **Rcpp** 的设计理念和使用方法是最为恰当不过的了。而更为可贵的是，作者在全书中使用了大量的实例和代码来讲解 **Rcpp** 的细节，可以预想，读者无论是在理念上还是在实战中都能从本书中受益。

本书的两位译者为本书中文版的面世付出了大量的时间和心血。需要特别提到的是，两位译者同样也是 R 社区活跃的开发者，他们在许多 R 软件包和编程项目中都大量使用了 **Rcpp**。也正是因为如此，两位译者在执笔过程中融入了自己使用 **Rcpp** 的心得和体会，在语言上将原本可能艰涩的编程概念用更加平易近人的方式表达出来，相信读者在阅读本书的过程中会体会到译者的用心。

邱怡轩

2015 年 3 月于普渡大学

译者序

在此致谢在本书翻译过程中给予帮助的各位朋友：华南统计科学研究中心的刘成烽、吴炳培、朱珊、黄巩怡、夏凡、田媛、朱俊贤、潘文亮。特别鸣谢潘文亮博士，感谢他对于本书统计学相关的部分给予的帮助。感谢普渡大学的邱怡轩，他为本书写了精彩的序言。

R 的世界精彩纷呈，C++ 的世界博大精深。Dirk 的 **Rcpp** 成为了沟通两个世界的桥梁。希望这本书能成为一个窗口，求实用者得见 **Rcpp** 提高开发效率、计算速度的妙用，求道者得窥 **Rcpp** 融和 R 与 C++ 的奥妙。

张晔

2015 年 11 月于北京

前 言

Rcpp 是一个 R 语言扩展包，可以使用 C++ 函数对 R 进行扩展。

从使用 C++ 替代等价的 R 函数或开发新函数来快速构建插件，从而进行更流畅的实验和运算加速，到对已有的库进行大规模的整合，或者作为一个全新研究计算环境的基础，**Rcpp** 在很多方面都在被使用着。

尽管 **Rcpp** 还是一个相对新的项目，其已经在 R 社区的用户和开发者中被广泛使用。**Rcpp** 现在是 R 系统中最流行的语言扩展，被 CRAN 上超过 100 个扩展包和 BioConductor 上数十个扩展包使用。

本书的目标在于为 **Rcpp** 提供一份可靠的介绍。

目标读者

本书适用于希望使用 C++ 代码对 R 进行扩展的 R 用户。熟悉 R 语言对于阅读本书自然很有帮助；有很多其他书籍提供了回顾和特定的介绍。C++ 的知识也很有帮助，尽管我们不严格要求。附录为只熟悉 R 语言的读者提供了一个非常简短的 C++ 简介。

本书对于拥有更多 C++ 编程背景而开始使用 R 的用户也非常有用。然而，可能需要进行一些额外的背景阅读来对 R 本身有一个更好的认识。Chambers 的书 (Chambers, 2008) 提供了一个对 R 系统背后思想的良好介绍，这对于希望进一步了解 R 的读者是很有帮助的资料。

有一些读者可能会想了解 **Rcpp** 内部的工作原理。然而，考虑到这需要相当多的 C++ 知识，这不是本书的目的所在。本书仅仅着重于如何使用 **Rcpp**。

历史内容

Rcpp 最早在 2005 年出现。当时作为 Dominick Samperi 对 Eddelbuettel 从 2002 年开始开发的 **RQuantLib** 扩展包 (Eddelbuettel and Nguyen, 2014) 提交（和现在的规模相比不大）的一个补充出现。**Rcpp** 在 2006 年早些时候有了自己的名字，并成为一个 CRAN 扩展包。在 **Rcpp** 这个名字下，进行了一系列快速的发布（全部由 Samperi 进行）。之后这个扩展包更名为 **RcppTemplate**；并在 2006 年以新名字发布了一系列版本。但在 2007 年、2008 年和 2009 年的大部分时间内没有发布新版本。在 2009 年晚些时候的一些更新后，**RcppTemplate** 由于缺乏积极维护进入 CRAN 存档。

为了继续使用这个扩展包，Eddelbuettel 决定对其进行重新开发。从 2008 年 11 月起以原本的名字 **Rcpp** 发布新版本。这涵盖了改善的构建发布过程、增加的文档、新功能等内容，同时保存已有的"经典 **Rcpp**"接口。尽管本书没有涉及，这些 API 会继续通过 **RcppClassic** 扩展包 (Eddelbuettel and François, 2012c) 的形式存在和提供支持。

为了反映 C++ 代码标准的改进 (Meyers, 2005)，Eddelbuettel 和 François 从 2009 年开始了重新设计。这次改进添加了很多新特性，其中很多都在扩展包中不同的说明文档中进行了描述。经过重新设计的 **Rcpp** (Eddelbuettel and François, 2012a) 被广泛地使用，到 2012 年 11 月，CRAN 上有超过 90 个扩展包依赖于 **Rcpp**。本书描述的也正是这个版本。

Rcpp 在继续保持着积极的开发，新的扩展也正在持续添加。我们会确保本书中所描述的内容会一直是可行的，并提供支持。

相关工作

很多人都尝试进行过 C++ 和 R 的整合工作；最早的出版文献可能来自 Bates 和 DebRoy (Bates and DebRoy, 2001)。*Writing R Extensions* 手册 (R Development Core Team, 2012d) 也大约从那时起开始提到 C++ 和 R 的整合。Java 等人一篇未公开出版的论文 (Java et al., 2007) 中表达了和我们一些方法很接近的想法，但没有完善充实。**Rserve** 扩展包 (Urbanek, 2003, 2012) 可以作为 R 的一个 socket 服务器。在服务器端，**Rserve** 将 R 的数据结构转换为一个二进制序列化格式，并使用 TCP/IP 进行传递。在客户端，对象被重构为模仿 R 对象结构的 Java 或 C++ 类实例。

rcppbind (Liang, 2008)、**RAbstraction** (Armstrong, 2009a) 和 **RObjects** (Armstrong, 2009b) 扩展包都使用 C++ 模板进行实现，但没有一个成熟到在 CRAN 上进行发布。**CXXR** (Runnalls, 2011) 从另一个方向来解决这个问题：其目标在于在一个更强大的 C++ 基础上完全重构 R。因此 **CXXR** 要考虑 R 解析器的方方面面、Read-Eval-Print Loop（REPL）[①] 和线程问题；R 和 C++ 之间的对象交换只是其中一部分。Temple Lang 也曾经讨论一个类似的方法 (Temple Lang, 2009a)，其建议由扩展包开发来对底层内核进行扩展，从而辅助 R 的扩展。Temple Lang 提出使用编译器输出作为代码参考，从而添加语言结合和封装器 (Temple Lang, 2009b)，这也提供了一个有些不同的观点。最后，**rdyncall** 扩展包 (Adler, 2012) 提供了一个与现有 R 到 C 接口不同的一个直接接口。这可能会让想直接获取底层编程接口的 R 程序员感兴趣。然而，这和我们在 **Rcpp** 中所着重介绍的 C++ 接口所处的对象层面的交换不同。

排版说明

在排版上，我们遵守了出版社和 *Journal of Statistical Software* 的惯例。

- 编程语言使用 Sans-serif 字体，如 R 或 C++；
- CRAN 所提供的或其他扩展包名称使用粗体，如 **Rcpp** 或 **inline**；
- 简短代码或变量使用 Courier 字体，比如 `x <- y + z`。

在正文中，我们使用了一个定制的环境来展示源代码。

Dirk Eddelbuettel
River Forest, IL, USA

[①] Read-Eval-Print Loop，简称 REPL，是一个简单的交互式编程环境。常常用于指代一个 Lisp 交互式开发环境，R 从 scheme 继承而来，本质也是门函数式语言。——译者注

致 谢

Rcpp 是众多合作者的共同成果，这里按顺序表达感谢。Dominick Samperi 开发了最初的代码，尽管比起现在的 **Rcpp**，其所覆盖的范畴有限得多，但其指明了使用 C++ 模板在 R 和 C++ 之间进行类型转换的正确方向。

Romain François 设计和实现了当前 **Rcpp** 中很大部分，展示了无可挑剔的品位。现行 **Rcpp** 设计所带来的强大功能很大一部分归功于其工作和无穷的精力。module 和 sugar 的关键部分，以及 "magic" 模板的很大一部分都是他的贡献。最早这只是作为我们 **RProtoBuf** 扩展包的一部分，让对象之间的交互更容易，但这让我们踏上了完全不同、非常让人兴奋的旅程。和 Romain 工作是莫大的愉悦，我现在依然感激他的工作，我也很期待 **Rcpp** 的进一步发展。

Doug Bates 自从一开始就提供了莫大的帮助：如果不是其为解析 `SEXP` 类型中列表成员的简单的宏，我们可能从来不会在十年前开始 **RQuantLib** 的开发。Doug 后来加入了这个项目，在关于 **Rcpp** 和 **RcppArmadillo** 的关键决定上提供了意见，并且负责了 **RcppEigen** 项目。

John Chambers 在 Rcpp module 开始时成为了很关键的支持者，并且在 R 和 C++ 之间进行交换上贡献了很多重要的代码。当我和 Romain 从 John 那里得知，**Rcpp** 和 20 世纪 70 年代贝尔实验室手稿中和系统间整体对象交换的最初设计观点如此接近时，这是对我们莫大的称赞。

JJ Allaire 一直以来都是 **Rcpp** 重要的贡献者，同时也是在 R 和 C++ 之间进行近乎自然匹配想法的重要支持者。其所贡献的 Rcpp attributes 正展现着巨大的潜力，我们很期待在其之上构建很棒的东西。

R 核心团队的众多成员，包括 Kurt Hornik、Uwe Ligges、Martyn Plummer、Brian Ripley、Luke Tierney 和 Simon Urbanek，在从编译和可移植性到 R 内核等众多问题上提供了帮助。最后，也非常重要的是，如果没有 R 系统，自然就不会有在其之上构建的 **Rcpp**。

最后，R 和 **Rcpp** 社区的很多成员在不同的论坛、会议演讲以及通过邮件列表对 **Rcpp** 的发展给予支持，同时带来了很多非常好的问题和建议。正是 **Rcpp** 被如此活跃地使用激励着我们，让我们和 **Rcpp** 继续向前发展。

目 录

第一部分

简 介

第 1 章 Rcpp 简介

章节摘要 本书第 1 章先对 **Rcpp** 给出一个简单的介绍。在本章里，我们用比其他章节稍慢的步伐和更简单的方法来展现 **Rcpp** 的核心概念，而这些核心概念在后面的章节里还会被反复提及，并进行更为深入的讲解。所以，本章的主要目的是在入门水平的基础上向读者介绍更多的内容，从而使得读者有一个初步的全面了解。为此我们给出了两个非常详细的例子：首先，使用两种语言，通过三种方式，来计算斐波那契数列；其次，我们对一个矩阵自回归的多元动态模型进行了模拟。

1.1 背景：从 R 到 C++

R 既是一个用于数据分析、可视化和建模的强大的交互环境，同时也是一门用于支持这些任务的表达力很强的编程语言。数据分析的交互性本质，包括了数据展现、汇总、模型构建、模拟和其他数值任务，而这正是 R 最大的强项所在。R 不仅可以通过一些短小的脚本进行交互性的探索，而且可以去完整实现新的功能。实际上，R 是由贝尔实验室（Bell Labs）最早开发的 S 语言的一个变种。

编程作为交互式分析的另一个特质，绝非偶然。正如一本 S 语言书籍的书名所表达的，S 语言的设计目的是为了用数据编程 (Chambers, 1998)。这可能是编程语言里相当独特的一个声明。作为一门领域特定语言（Domain-Specific Languages，简称 DSL），R 被量身定制用于支持数据分析工作。另外，其特别着重于研发令人兴奋的新方法，以及进一步完善已有的方法。R 语言及其前身 S 语言并不是一成不变的语言：从出现到今天的三十多年来，其一直在完善更新，并将继续发展进化。

这里举个例子来说明其完善的过程，R 里的面向对象方法早先由 S3 和 S4

两个类系统支持，现在又有了更新的引用类（Reference Classes）。当然，可以进行多种选择所带来的灵活性，也可能成为其弱点。这可能让初学者感到非常困惑，也可能造成一些不一致性，使中级和高级用户感到混乱。碰巧的是，类似的问题也经常在 C++ 中出现。这些争论批评有一些道理，但相比那些被设计得非常简洁的语言，这些语言更有用，并且实际上被大量使用着。

选择一门合适的语言对于严格的可重复研究至关重要：通过把数据分析的所有工作和估计结果都写成一个脚本或程序，分析师可以明确每一个步骤，从而确保整个分析完全的可重复性。

现在我们来看下面的一个例子。这个例子由 Greg Snow 在 R 语言帮助邮件列表 (r-help mailing list) 上的一个提问稍稍改动而来。

```
1 xx <- faithful$eruptions
2 fit <- density(xx)
3 plot(fit)
```

代码 1.1 R 中的密度曲线

我们将 R 系统中自带的一个两列的数据框 `faithful` 中的 `eruptions` 部分提取出来，并将其赋值给一个新变量 `xx`。这个数据集里包括了美国黄石国家公园的老忠实间歇泉（Old Faithful Geyser）两次喷发的间隔时间，以及每次喷发的持续时间。为了使用这组数据估计喷发持续时间的密度函数，我们调用 R 里的 `density` 函数（除了我们使用的数据，其他参数都使用了默认值）。这个函数返回了一个名为 `fit` 的对象，之后使用 `plot` 函数对其进行可视化，结果如图 1.1 所示。

这是个不错的例子，它展现了包括面向对象在内的 R 的一些特性。通过其面向对象的特性，我们可以轻松地对一个模型函数所返回的对象作图。然而，引入这个例子，主要是为下一段代码中由 Greg Snow 所做的扩充打基础。

```
1 xx <- faithful$eruptions
2 fit1 <- density(xx)
3 fit2 <- replicate(10000, {
4     x <- sample(xx,replace=TRUE);
5     density(x, from=min(fit1$x), to=max(fit1$x))$y
6 })
7 fit3 <- apply(fit2, 1, quantile, c(0.025,0.975))
8 plot(fit1, ylim=range(fit3))
```

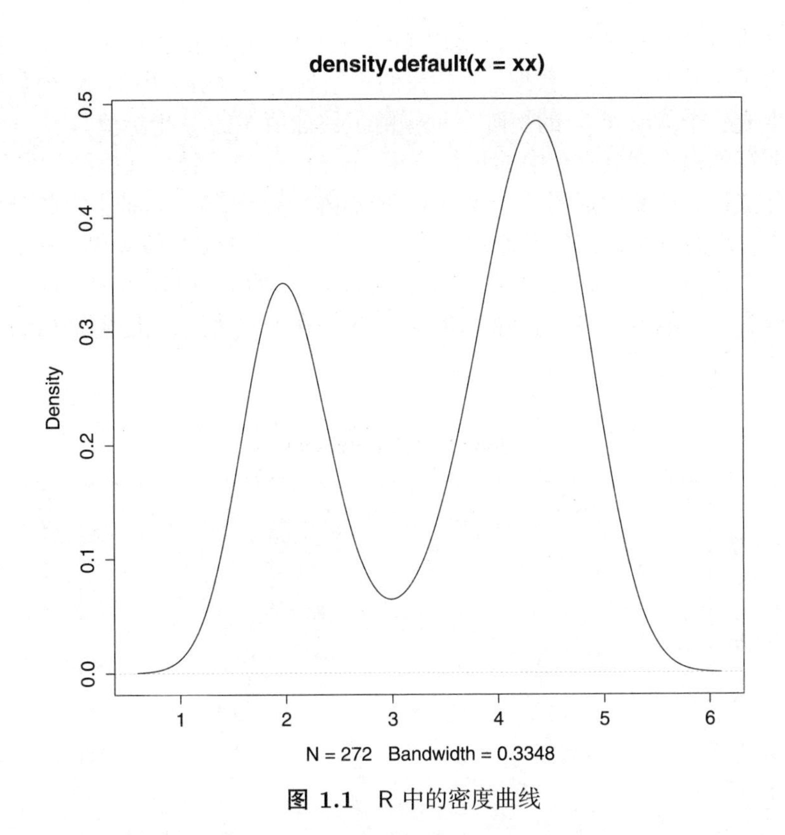

图 1.1 R 中的密度曲线

```
9  polygon(c(fit1$x, rev(fit1$x)),
10     c(fit3[1,], rev(fit3[2,])),
11     col='grey', border=F)
12 lines(fit1)
```

代码 1.2 R 中的密度曲线及由自助法（bootstrap）求得的置信区间

前两行中，除了将估计的密度函数赋值给名为 `fit1` 的对象外，和先前是一样的。第三行到第六行执行了一个很小的自助法过程。`replicate()` 函数将作为第二个参数传入的代码重复 N 次（这里是 10000 次）。这里这个参数是被大括号包围起来的两行指令的代码块。第一行命令通过有放回的重抽样从原始数据集里生产了一个新的数据集。第二行命令在生成的新数据集上进行密度估计。这次数据的范围被限制在 `fit1` 中原始估计值的范围之内，这确保了由自助法得到的密度估计和 fit1 中的 x 值在同一网格之中。在这个数据集中，网格里一共有 512 个数据点[①]。我们将结果对象 fit2 中的 N 列数据收集而来生成一个 $512 \times N$ 的矩阵，只保留了估计值中的 y 坐标值。

第七行的命令对 fit2 中的每行使用 quantile() 函数，以返回 2.5% 和 97.5% 分位数。从而生成了一个 2×512 的矩阵，每行都是 x 轴上点的分位数估计。之后我们对最初的估计作图，并根据分位数的估计调整 y 轴。然后，我们添加一个由 x 网格和分位数估计生成的灰色多边形，以显示由自助法得到的初始密度估计的 95% 置信区间。最后，我们在灰色多边形上重绘 fit1，结果如图 1.2 所示。

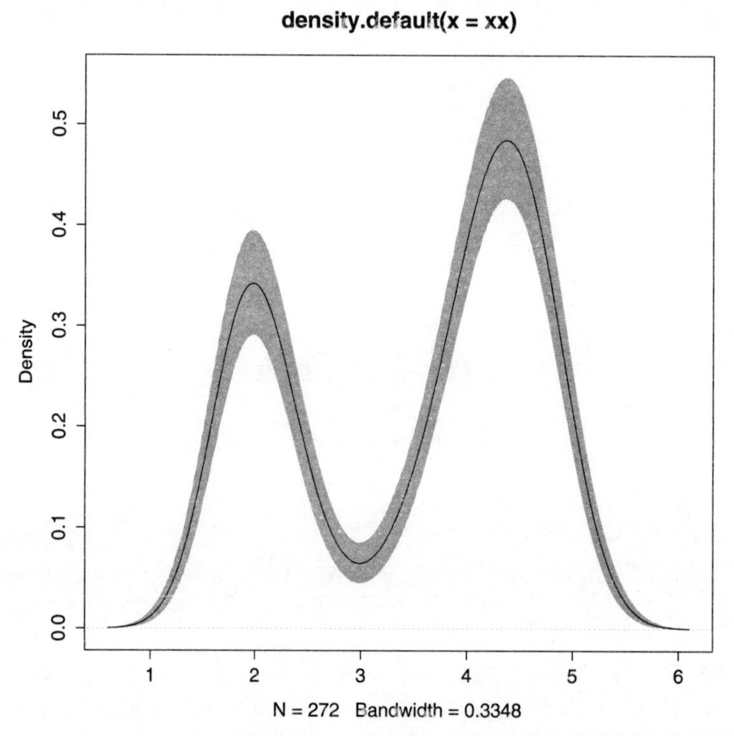

图 1.2 R 中的密度曲线及由自助法（bootstrap）求得的置信区间

通过这个示例主要想向大家展示，只需要几行代码，我们就可以使用相对复杂的统计模型函数（比如密度估计），并且完成了一个完整的重抽样策略。

[①] 512 是 density() 函数中的默认值。——译者注

在非参数的自助法中，我们使用了同样的密度估计函数，从而提供了估计的置信区间，并且最后将二者都在图上展现出来。除了 R 语言，几乎没有其他编程语言可以在处理数据问题上有如此强大的功能。

R 语言内部实现中很重要的一个方面就是其最核心的解释器和扩展机制都是用 C 语言实现的。由于其简洁高效，并且可以在多数硬件平台进行移植的特质，因此 C 语言经常被用于系统编程。C 语言一个很重要的优势在于它可以通过外部的库和模块进行扩展。R 语言自身及在本书中介绍的 **Rcpp** 扩展包也都利用了这一优势。**Rcpp** 的主要目的在于使得开发 R 语言扩展变得更加容易，更少出错。而本书的主要目的就是向大家展示如何使用相较于标准 C 接口更容易的方案来实现这一目的。

C++ 和 C 语言是紧密联系的，前者可以被认为是后者的扩展和超集。关于 C 语言中没有被 C++ 继承的方面，一直有一些争论，但在这里我们可以忽略，并且不会带来问题。C++ 被称为“四种语言的联邦”[②](Meyers, 2005)。这提供了全新并且独特的编程理念，特别地，这也提供了和 R中面向对象模型之间的对应（即使 R 和 C++ 在名词术语和面向对象编程的思想之间有些许不同）。附录 A 为大家提供了一个简洁的 C++ 入门。

1.2 示例一

1.2.1 问题设置

首先让我们考虑一个只需要用到基础数学知识的例子。这个问题最早由 StackOverflow 网站上的一个帖子所提出的[③]。斐波那契数列 F_n 被定义为该数列中前两项的递归和：

$$F_n = F_{n-1} + F_{n-2} \tag{1.1}$$

其中最初的两项为：

$$F_0 = 0 \text{ 和 } F_1 = 1$$

所以从 F_0 到 F_9 的前十项为：

$$0, 1, 1, 2, 3, 5, 8, 13, 21, 34$$

②这里的“语言联邦”是指 C++ 可以看成由四部分组成：C、面向对象的 C++、C++ 模板和 STL 标准库。——译者注

③见 `http://stackoverflow.com/questions/6807068/`。

这里我们遵循了斐波那契数列从 F_0 开始递归的传统，在另外一些讨论中可能从 F_1 开始递归，这就需要对后边的代码进行些许改动。

斐波那契数列已经被研究了很久了，维基百科上的页面[4] 也提供了很多补充材料。斐波那契数列是可以被可视化的：图 1.3 展示了由前 34 位斐波那契数所生成的所谓的斐波那契螺旋。

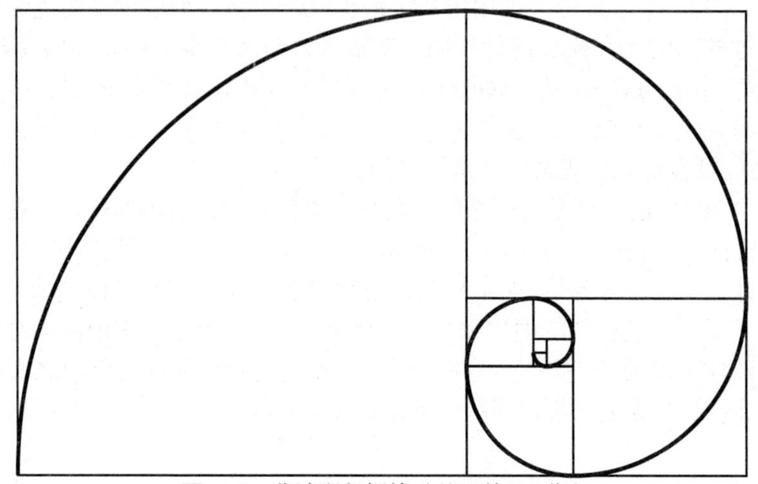

图 1.3 斐波那契螺旋（基于前 34 位）

图片来源 http://en.wikipedia.org/wiki/File:Fibonacci_spiral_34.svg

1.2.2 R 解决方案之一

经典方法直接按照公式 1.1 来计算斐波那契数列的第 n 项 F_n。这一般可以通过一个简单的递归函数解决。

在 R 中，我们可以按照下面的代码实现：

```r
fibR <- function(n) {
        if (n == 0) return(0)
        if (n == 1) return(1)
        return (fibR(n - 1) + fibR(n - 2))
}
```

代码 1.3 R 中通过递归计算斐波那契数列

[4]见 http://en.wikipedia.org/wiki/Fibonacci_number。

这个简单的函数有以下几个特点：

- 代码非常简短。
- 没有对诸如小于零的错误输入进行检查。
- 非常容易理解。
- 对公式 1.1 非常忠实的翻译。

然而，它也有一个致命的缺点：效率非常低。我们拿计算 F_5 来说，根据公式 1.1 中的递归形式，也就是求 F_3 和 F_4 的和。但当我们由 F_3 和 F_2 相加求 F_4 时，F_3 被重复计算了。同理，F_2 也会被重复计算很多次。事实上，正式的分析可以看出这个算法的复杂度是 n 的指数级，换而言之，算法的运行时间会按 n 的指数形式增长。这是我们能找到的表现最差的算法，这也迫使我们寻找其他方法。

还有和 R 特别相关的一点需要考虑，R 里的函数调用并非轻量级行为，这也使得递归式的函数调用很没有吸引力。自然地，由于这两方面的考虑，很多优秀的算法被提出，后面我们会讨论其中的两种。

1.2.3 C++ 解决方案之一

一个继续使用上文简单直接的算法，却能更高效地计算 F_n 的方案，就是换用 C 或 C++。下面我们写了一个很简单的 C++ 版本：

```
1 int fibonacci(const int x) {
2     if (x == 0) return(0);
3     if (x == 1) return(1);
4     return (fibonacci(x - 1)) + fibonacci(x - 2);
5 }
```

代码 1.4 C++ 中通过递归计算斐波那契数列

这个函数和前一个版本一样是个递归。为了简便起见，同样没有检测输入是否正确。

为了能在 R中调用它，我们需要使用一个封装器（wrapper）函数。R通过其 `.Call()` 函数对其接口做了特别规定：所有在接口中使用的变量必须是指向 S 表达式的指针（pointer to S expression），或者简称 `SEXP`。除了使用 `.Call()` 函数，其实还有其他选择。在第 2 章中，我们会详细讨论。由于只有

通过 .Call() 才可能在 R 和 C++ 之间传递整个对象，.Call() 是我们的首选。这里我们省略了关于细节的讨论，一个合适的封装器如下所示：

```
#include <Rcpp.h>
extern "C" SEXP fibWrapper(SEXP xs) {
    int x = Rcpp::as<int>(xs);
    int fib = fibonacci(x);
    return (Rcpp::wrap(fib));
}
```

代码 1.5 C++ 中的斐波那契封装器

这里使用了 **Rcpp** 中两个很重要的工具，as 和 wrap 两个转换函数。首先，as 将输入参数 xs 由 SEXP 转换为整型。类似地，wrap 将整型变量 fib 转换回 SEXP 类型，从而使得整个函数可以被 .Call() 使用。

1.2.4 使用 inline 扩展包

后面的几个步骤就是编译这两个函数，将其链接为一个所谓的“共享库”（这样就可以让诸如 R 之类的系统在运行时装载它），并真正装载它。这三个步骤听起来有点乏味，而且似乎是纯体力活，实际上也真的如此。所以这里我们引入另一个强有力的工具：**inline** 扩展包 (Sklyar et al., 2012)。

inline 扩展包绝大部分由 Oleg Sklyar 开发，他把其他可动态扩展的脚本语言中的想法带到了 R 语言中。通过提供一个涵盖编译、链接、装载三个步骤的完整的封装器，程序员可以集中精力在真正的代码上（C、C++ 和 Fortran 三种被支持的语言中的一种），而忽略针对不同操作系统特定的编译、链接、装载细节。cxxfunction() 作为一个单一入口，可以将一个作为文本变量传入的代码转换为一个可执行的函数。

```
## 由于生成的函数会有一个随机的标示符，并阻止我们递归调用，
## 我们需要一个纯 C/C++ 函数
incltxt <- '
int fibonacci(const int x) {
    if (x == 0) return(0);
    if (x == 1) return(1);
    return fibonacci(x - 1) + fibonacci(x - 2);
```

```
}'

## 现在我们使用上面的代码段作为一个参数传入传出,
## 从而计算斐波那契数列
fibRcpp <- cxxfunction(signature(xs="int"),
                       plugin="Rcpp",
                       incl=incltxt,
                       body='
    int x = Rcpp::as<int>(xs);
    return Rcpp::wrap( fibonacci(x) );
')
```

代码 1.6 通过 **inline** 使用 C++ 递归计算斐波那契数列

我们实际上提供了两个参数，一个纯 C++ 函数和一个封装器函数。纯 C++ 函数作为实参被传递给了 `includes` 参数。`includes` 参数允许我们传递额外的指令，或者类似这里的函数和类定义。被传递给 `includes` 变量的代码不经改动地被包含进由 **inline** 扩展包所提供的代码中。函数的主体由 `body` 参数的实参提供。`cxxfunction` 函数使用 来自 `signature` 变量（这里是一个名为 `xs` 的单一变量）的信息来确认函数签名（比如定义变量进入的接口），并且通过选择 plugin 来使得代码可以使用 **Rcpp** 的特性。我们同时注意到这里提供的函数体和先前提到的封装器函数是一样的。

一旦 `cxxfunction` 成功运行，作为返回值（这里是 `fibRcpp()`）而生成的函数就可以像其他 R 函数一样被调用了。

特别地，我们对运行时间进行计时，并和最初的 R 实现相比较。比较结果可以由运行 **Rcpp** 里示例中的 `fibonacci.r` 脚本得到，如表 1.1 所示。实际的计时由 **rbenchmark** 扩展包 (Kusnierczyk, 2012) 进行。

表 1.1 斐波那契数列递归求解的性能比较

函数	N[5]	运行时间（秒）	相对比
fibRcpp	35	0.092	1.00
fibR	35	62.288	677.04
（字节编译）fibR	35	62.711	681.64

[5] 这里原文有误，N 应该是 35。——译者注

编译过的版本快了 600 多倍，这显示了递归式的函数调用着实对 R 的性能有很大影响。我们也发现字节编译[⑥]的 R 函数对性能几乎没有改变。

从这小结，我们可以明显看到用简单的 C++ 代码替换 R 代码带来的明显好处。用三行的一个函数来生成斐波那契数列是很自然的。而我们也看到在特定 n 值的情况下，转换到 C++ 实现对于运行时间性能的显著提升。然而，无论选择什么语言进行实现，指数级的算法在 n 足够大的情况下都是不现实的。

这种情况下，我们需要更好的算法的帮助，下面我们会看到两个不同的实现。这里需要强调的是，更快的实现和更好的算法不是相互排斥的，本章的剩余部分里我们会将二者结合起来。

1.2.5 使用 Rcpp attributes

由于其在广泛测试中的众多功能和稳定性，前面讨论过的 **inline** 扩展包被大量地使用。正如我们所看到的，它允许我们通过编译过的代码快速的在 R 会话中对 R 进行扩展。

最近，随着 **Rcpp** 扩展包 0.10.0 版本的发布，**inline** 中补充了一个新方法。这个方法从即将到来（尚未广泛使用）的 C++ 新标准的新特性——"attributes"——借鉴而来，并在内部进行了实现。程序员可以简单地声明特定的 "attributes"，特别是一个函数是否从 R 中或另一个 C++ 函数（或兼而有之）导出使用。同时可以用于声明需要通过 **inline** 提供的 plugin 框架来满足的依赖。如此使用，"Rcpp attributes" 框架可以自动完成变量的类型转换和编排[⑦]等等很多工作。

依然是斐波那契数列的一个简单例子：

```
1  #include <Rcpp.h>
2  using namespace Rcpp;
3
4  // [[Rcpp::export]]
5  int fibonacci(const int x) {
6      if (x < 2)
```

[⑥] 这里的 "字节编译" 指使用 **compiler** 对 R 函数进行字节编译。——译者注

[⑦] 原文为 "marshal"，特指将数据按某种描述格式编排出来，通常来说一般是从非文本格式到文本格式的数据转化, 比如在 web service 中，我们需要把 Java 对象以 XML 方式表示并在网络间传输，把 Java 对象转化成 XML 的过程就是 marshal。——译者注

```
7           return x;
8       else
9           return (fibonacci(x - 1)) + fibonacci(x - 2);
10  }
```

代码 1.7 C++ 中使用 Rcpp attributes 递归计算斐波那契数列

这里最需要注意的是在函数定义前的 `[[Rcpp::export]]` 这个 attribute。这个函数可以通过下面示例所示进行简单调用：

```
1  R> sourceCpp("fibonacci.cpp")
2  R> fibonacci(20)
3  [1] 6765
```

代码 1.8 C++ 中使用 Rcpp attributes 和 sourceCpp 递归计算斐波那契数列

`sourceCpp()` 这个新函数从给定的源文件中读取代码，解析其中的相关 attributes，并在调用 R 进行编译前，生成需要的封装器，之后像 **inline** 一样进行链接。

然而，需要注意的是，我们不需要指定封装器函数，就得到了一个可以进行递归的 `fibonacci()` 函数。

"Rcpp attributes" 会在 2.6 节中详细讨论。我们会使用 `cppFunction()` 来操作一个包含程序的字符串，而不是文件，从而重写这个例子。

1.2.6 R 解决方案之二

一个在保留了基本的递归结构的同时，又避免了对相同值的重复运算的优雅方案，可以通过 "存储" 的方法实现。这里，第 N 个斐波那契数通过使用第 1 个和第 $N-1$ 个来进行计算，并被储存起来。下一次计算时，先前被计算的值被调用，从而避免了完整的递归。使用 "存储" 的 R 解决方法（由 Pat Burns 提供）如下所示：

```
1  ## 由 Pat Burns 免费提供的利用存储的解决方案
2  mfibR <- local({
3      memo <- c(1, 1, rep(NA, 1000))
4      f <- function(x) {
5          if (x == 0) return(0)
```

```
        if (x < 0) return(NA)
        if (x > length(memo))
            stop("x too big for implementation")
        if (!is.na(memo[x])) return(memo[x])
        ans <- f(x-2) + f(x-1)
        memo[x] <<- ans
        ans
    }
})
```

代码 1.9 R 中通过存储计算斐波那契数列

如果参数 n 对应的值已经被计算了，这里就直接返回。否则，就被计算并存储在向量 memo 里。这保证了对于每个可能的 n 值，递归函数都只计算一次，从而达到加速的目的。

1.2.7 C++ 解决方案之二

在 C++ 中，我们也可以使用存储的方法。下面的代码提供了一个简单的实现。

```
## 使用 C++ 的存储方案
mincltxt <- '
#include <algorithm>
#include <vector>
#include <stdexcept>
#include <cmath>
#include <iostream>

class Fib {
public:
  Fib(unsigned int n = 1000) {
    memo.resize(n); // 预留 n 个元素
    std::fill( memo.begin(), memo.end(), NAN ); // 设为 NaN
    memo[0] = 0.0;
    memo[1] = 1.0; // 对 n=0 和 n=1 的情况进行初始化
```

```
16    }
17    double fibonacci(int x) {
18      if (x < 0) // 检测输入是否正常
19        return( (double) NAN );
20      if (x >= (int) memo.size())
21        throw std::range_error(\"x too large for implementation\");
22      if (! ::isnan(memo[x]))
23        return(memo[x]); // 如果已经存在，直接返回值
24      // 通过递归的方式提前计算各个数值
25      memo[x] = fibonacci(x-2) + fibonacci(x-1);
26      return( memo[x] ); // 返回
27    }
28  private:
29    std::vector< double > memo; // 储存之前的计算结果
30  };
31  '
32  ## 现在我们将上面的代码片段作为一个参数传入
33  ## 同时通过 C++ 计算斐波那契数列传出
34  mfibRcpp <- cxxfunction(signature(xs="int"),
35                          plugin="Rcpp",
36                          includes=mincltxt,
37                          body='
38    int x = Rcpp::as<int>(xs);
39    Fib f;
40    return Rcpp::wrap( f.fibonacci(x-1) );
41  ')
```

代码 1.10 C++ 中通过存储计算斐波那契数列

通过三部分，我们定义了一个很简单的 C++ 类 Fib:

- 在初始化时被调用的构造函数。
- 计算 F_n 的单一成员函数。
- 用于存储结果的私有向量。

这个例子也让大家对在 C++ 代码中使用类有了初步印象。

在真正的封装器函数中，我们初始化了 Fib 类的一个对象 f，之后调用成员函数计算指定的斐波那契数。

1.2.8 R 解决方案之三

很自然地，我们也可以用迭代的方法来计算 F_n。WikiBooks 网站[⑧]上列出了很多解法，所以下面的 R 解决方案是非常直接明了的：

```
## 线性的迭代解法
fibRiter <- function(n) {
    first <- 0
    second <- 1
    third <- 0
    for (i in seq_len(n)) {
        third <- first + second
        first <- second
        second <- third
    }
    return(first)
}
```

代码 1.11 R 中通过迭代计算斐波那契数列

由于迭代解法既不需要存储状态，也不需要递归，所以其可以在存储方法的基础上进一步提高。

1.2.9 C++ 解决方案之三

有了 R 里的迭代解法，下面的 C++ 函数也非常直接明了。

```
## 线性的递归解法
fibRcppIter <- cxxfunction(signature(xs="int"),
                           plugin="Rcpp",
                           body='
  int n = Rcpp::as<int>(xs);
```

⑧见 https://en.wikibooks.org/wiki/Fibonacci_number_program。

```
6    double first = 0;
7    double second = 1;
8    double third = 0;
9    for (int i=0; i<n; i++) {
10     third = first + second;
11     first = second;
12     second = third;
13   }
14   return Rcpp::wrap(first);
15 ')
```

代码 1.12 C++ 中通过迭代计算斐波那契数列

为了显得完整，我们这里也展示了使用迭代的 C++ 解法。由于编译过的循环的执行速度会快过 R之类的解析式语言，这是最快的版本。

1.3 示例二

1.3.1 问题设置

让我们考虑第二个示例。这个例子来自于和 Lance Bachmeier 的私人谈话，他将其用于一门计量经济学导论课程。这个例子也包含在 **RcppArmadillo** 扩展包里。通过使用 **Rcpp**，**RcppArmadillo** 实现了 R 和 C++ 线性代数库 **Armadillo** (Sanderson, 2010) 之间方便而强大的接口。

这个示例的内容是两个变量的一阶向量自回归过程，或者更正式地说，VAR(1)。更一般地说，一个 VAR 模型由 K 个内生变量 $\boldsymbol{x}_t$ 构成。一个 VAR(p) 过程由一系列的系数矩阵 $\boldsymbol{A}_j$ 定义，其中 $j \in 1, \ldots, p$

$$\boldsymbol{x}_t = \boldsymbol{A}_1 \boldsymbol{x}_{t-1} + \cdots + \boldsymbol{A}_p \boldsymbol{x}_{t-p} + \boldsymbol{u}_t$$

这里省略了一个可能的非时间序列回归矩阵。这里我们约定，用小写字母表示标量，小写字母的黑斜体表示向量，大写字母的黑斜体表示矩阵[9]。

这里我们考虑最简单的情况，二维的一阶 VAR。在时间点 t，由两个内生变量 $\boldsymbol{x}_t = (x_{1t}, x_{2t})$ 构成，而又通过一个系数矩阵 $\boldsymbol{A}$ 由前一个时间点 $t-1$ 的

[9] 已根据我国国标规定做适当修改。——译者注

值而来。由于 $\boldsymbol{A}$ 是常数，也就不再需要脚标。这可以由如下表示：

$$\boldsymbol{x}_t = \boldsymbol{A}\boldsymbol{x}_{t-1} + \boldsymbol{u}_t \tag{1.2}$$

其中 $\boldsymbol{x}_t$ 和 $\boldsymbol{u}_t$ 是随时间变化的二阶向量，$\boldsymbol{A}$ 是一个二乘二的矩阵。

1.3.2 R 解决方案

当我们需要研究 VAR 系统性质时，模拟是一个经常被使用的工具。为了模拟，我们需要产生合适的数据。对公式 1.2 仔细观察，可以看到，由于系数之间的相互依赖，我们很难向量化这个表达式，需要显式的循环。

```
## 参数和用于输出的误差项
a <- matrix(c(0.5,0.1,0.1,0.5),nrow=2)
u <- matrix(rnorm(10000),ncol=2)

## R 版本
rSim <- function(coeff, errors) {
  simdata <- matrix(0, nrow(errors), ncol(errors))
  for (row in 2:nrow(errors)) {
    simdata[row,] = coeff %*% simdata[(row-1),] + errors[row,]
  }
  return(simdata)
}

rData <- rSim(a, u) # generated by R
```

代码 1.13 R 中的二阶 VAR(1)

这个方法相当简单明了。模拟函数接受一个 2×2 的参数矩阵 $\boldsymbol{a}$，和一个由正态独立分布的误差项构成的 $N \times 2$ 的向量 $\boldsymbol{u}$。之后通过由第二行到最后一行进行循环，得到了一个 $N \times 2$ 的向量 $\boldsymbol{y}$。$\boldsymbol{y}$ 中的每个元素都按照公式 1.2 由前一个元素乘以系数矩阵并加上误差项得到。

1.3.3 C++ 解决方案

同样的方法也可以在 C++ 函数中使用，用于生产模拟的 VAR 数据。下一段代码展示了如何通过 **inline** 并使用 **RcppArmadillo**，在 R 会话中直接编译、链接和载入 C++ 代码。

```
## 载入 inline 来直接编译 C++ 代码
suppressMessages(require(inline))
code <- '
  arma::mat coeff = Rcpp::as<arma::mat>(a);
  arma::mat errors = Rcpp::as<arma::mat>(u);
  int m = errors.n_rows;
  int n = errors.n_cols;
  arma::mat simdata(m,n);
  simdata.row(0) = arma::zeros<arma::mat>(1,n);
  for (int row=1; row<m; row++) {
    simdata.row(row) = simdata.row(row-1)*trans(coeff)
                       + errors.row(row);
  }
  return Rcpp::wrap(simdata);
'

## 产生编译过的函数
rcppSim <- cxxfunction(signature(a="numeric",u="numeric"),
                       code,plugin="RcppArmadillo")

rcppData <- rcppSim(a,u) # 由 C++ 代码生成

stopifnot(all.equal(rData, rcppData)) # 结果检查
```

代码 1.14 C++ 中的二阶 VAR(1)

我们从函数的参数中初始化了系数矩阵和误差项。之后我们生成了和误差项维度一样的结果矩阵，并像前面的例子里一样逐行进行填充。

1.3.4 比较

我们可以运行一个脚本来判断两个方案的运行时间，并且可以同时比较字节编译过的代码运行时间（使用 R 在 2.13.0 中引入的 **compiler** 扩展包）。

```
## 载入 rbenchmark 来比较三者
suppressMessages(library(rbenchmark))
res <- benchmark(rcppSim(a,e),
                 rSim(a,e),
                 compRsim(a,e),
                 columns=c("test", "replications", "elapsed",
                           "relative", "user.self", "sys.self"),
                 order="relative")
```

代码 1.15 R 和 C++ 中 VAR(1) 模型运行时间比较

比较结果可以通过运行 **RcppArmadillo** 示例中的 `varSimulation.r` 脚本得到，如表 1.2 所示。

表 1.2 VAR 模拟的不同实现之间的运行时间比较

函数	*N*	运行时间（秒）	相对比
rcppSim	100	0.033	1.00
（字节编译）Rsim	100	2.229	67.55
rSim	100	4.256	128.97

C++ 版本只花费了 33 毫秒，而 R 代码花费了 4.26 秒，几乎是 130 倍的时间。字节编译让 R 的性能提高了大约两倍，但仍落后于 C++，花费时间大约是其 67 倍。

1.4 小结

在这个入门章节，我们展示通过 **Rcpp** 和简短的 C++ 代码来扩展 R 所带来的好处。R 代码可以用于最初的原型设计，之后由 C++ 非常类似地实现。由于有了 **inline**，特别是最近的 Rcpp attributes，我们可以方便地通过简短的 C++ 函数来扩展 R，并在运行过程中得到显著的性能提升。

本书的其余部分会详细地介绍 **Rcpp** 和 **RcppArmadillo** 等扩展包。下一章会对需要的工具进行完整的讨论。

第 2 章　工具与设置

章节摘要　第 1 章里简单介绍了 **Rcpp** 及其一些基本特性。本章将更详细地介绍所需要的编译工具链，以及和部署 **Rcpp** 相关的其他扩展包。需要特别指出的是，在 Windows 平台上，需要使用 Rtools 工具集，并且不支持 gcc 以外的其他编译器。在 Linux 和 OS X 等类 Unix 平台中，使用 gcc/g++ 作为默认编译器。

2.1　整体设置

Rcpp 扩展包提供了一个 C++ API 作为 R 系统的扩展。由于和 R 自身非常紧密的联系，它被 R 的编译系统所限制，并受到了 R 配置方法的影响。

使用 **Rcpp** 和 R 的一些要求如下：

- 开发环境需要包括合适的编译器（这个会在下一小节里详细讨论），以及一些必需组件的头文件和库文件 (R Development Core Team, 2012a)。
- R 必须以允许动态链接和嵌入的方式编译：在类 Unix 系统中，这个通过 `configure` 中的 `--enable-shared-lib` (R Development Core Team, 2012d, 第 8 章)选项来保证，大部分二进制发行版也都是通过这种方式编译的。
- 诸如 `make` 之类的常见开发工具是必需的。这在类 Unix 系统中是标准配置（尽管 OS X 需要安装开发者工具），而 Windows 用户需要安装由 CRAN 镜像网络提供的 `Rtools` 套件 (R Development Core Team, 2012a, 附录 D)。

一般来说，从源代码编译一个 CRAN 扩展包的标准环境是必须的。一个（更高的）要求是能够编译 R 本身，具体步骤在 R 开发核心团队（R Development Core Team）提供的文档里 (R Development Core Team, 2012a,d)有详细的描述。

除了 **Rcpp** 扩展包，在 CRAN 上还有一些扩展包及其所依赖的其他扩展都非常有用。他们是：

- **inline** 对于简短代码的直接编译、链接和载入非常有用，整本书中都会用到它。
- **rbenchmark** 用于进行简单的运行时间比较和基准测试；这是 **Rcpp** 推荐安装的，但不是必须的。
- **RUnit** 用于单元测试；这个扩展包也推荐大家安装，在需要重复运行测试时需要这个扩展包，但也不是非它不可。

在前一章里，我们已经了解过其中两个扩展包的使用。

最后，想从源码库中编译 **Rcpp** 的用户（而不是发布的 tar 文件）需要由 André Simon 提供的 **highlight** 扩展包的二进制版本来提供文档中的代码高亮。

2.2 编译器

2.2.1 一般设置

使用合适的可载入的二进制模块来扩展一个程序有一些基本要求，而这些要求是和所使用的编译器相关的。但具体什么才是合适的配置会受很多因素的影响。

编译器的选择一般来说是很重要的，对于有些语言特别如此。C 语言有一个简单的用于调用函数的接口，这使得一个编译过的程序可以载入由另一个编译器所编译的模块。一般来说，由于 C++ 能反应更丰富数据的复杂接口，这种情况对 C++ 不成立。比如说，函数名以及类中的成员函数名，如何在编译器标记之间进行表示，都不是标准化的，这就导致一般不能将不同编译器产生的目标代码（object code）[①]进行混合。

由于 **Rcpp** 很显然是个 C++ 应用，所以最后一个限制也适用于 **Rcpp**。我们需要使用和在不同平台上用于编译 R 相同的编译器。CRAN 库中也使用同样的方案，在一个平台上使用一种主要的编译器，这也是被 CRAN 维护者和 R 核心团队所支持的方案。

---

① 指源代码经编译后，产生的能被 CPU 直接识别的二进制代码。——译者注

实际上，这就意味着在几乎所有平台上，都要使用 GNU Compiler Collection（或者 `gcc`，同时也是其 C 语言编译器的名字）及其相应的 C++ 编译器 `g++`。一个值得关注的例外是，在 Solaris 平台上，也可以使用 Sun 编译器；然而，由于这个平台并没有被广泛使用，所以后面我们也不会再详细讨论其特点。同时，在 Windows 平台上，指定的使用合适编译器的方案是通过由 Windows 下 R 的维护者提供的 `Rtools` (R Development Core Team, 2012a, 附录 D)来实现。由于苹果公司不再安装 4.2.1 之后版本的 `gcc`，OS X 也是个例外。它转而使用了 `clang++` 编译器，这是 LLVM 项目的一部分，在本书写作时该项目还没有完成。OS X 平台的用户可能需要下载由 Simon Urbanek 提供的工具，他是 R 核心团队中 OS X 平台的维护者。

所以在 Windows、OS X 和 Linux 平台上，**Rcpp** 的一般选择是 `g++` 编译器。最低要求是 4.2.∗ 的最终版；早于 4.2.∗ 的版本缺乏了 **Rcpp** 所使用的一些 C++ 特性。但一般来说，2013 年各个平台上的默认编译器都是可以的。在 2.12.0 版本的 R 中，Windows 平台开始使用 4.5.1 版本的 `g++` 编译器以同时支持 32 位和 64 位编译。

刚刚被标准委员会通过的新 C++ 标准——C++11——中的更多新特性，在编译器默认支持后，也会被添加进来。

2.2.2 平台相关的注意事项

2.2.2.1 Windows

Windows 是 R 用户使用最多的平台，同时也可能是最难进行 R 开发的平台。造成在 Windows 平台上进行 R 开发困难的主要原因在于开发环境和工具并不是这个操作系统的标准配置。然而，由于该平台用户众多，R 核心开发者中关注 Windows 的 Brian Ripley 和 Duncan Murdoch 通过第三方扩展包的方式，为 Windows 下的 R 开发提供了良好的支持。最初由 Duncan Murdoch 维护的网站中提供的 `Rtools` 套件，现在已经可以通过 CRAN 网站获得，其中包含了所有需要的工具。Windows 平台上完整的安装过程可以在 *R Installation and Administration* 手册 (R Development Core Team, 2012a, 附录 D)中找到。

这里再次强调之前提过的一点：Windows 平台上不支持其他编译器。特别需要指出的是，由于不被 R 核心团队支持，微软公司的编译器不能用于从源代码中编译 R（具体原因已经超出本书的讨论范围）。尽管的确可能用微软的编译器编译一些 R 的 C++ 扩展，但 **Rcpp** 遵循 R 核心团队的建议，只使用官方支持的编译器。所以在最近几年，以及在未来的几年里，Windows 平台上将只能使用 `Rtools` 所提供的 `g++`。

2.2.2.2 OS X

OS X 在开发者中已经是一个很流行的选择。正如 *R Installation and Administration* 手册 (R Development Core Team, 2012a, 附录 C.4)中提到的，苹果的开发工具（比如 `Xcode`）需要额外安装（如果要编译 R 或使用了 Fortran 的扩展包，还需要安装 `gfortran`）。较老的 OS X 系统中 C++ 编译器无法满足 **Rcpp** 中一些模板代码的要求；而 “Snow Leopard” 之后的发行版都是足够的。

不幸的是，苹果公司和自由软件基金会（Free Software Foundation，对所有 GNU 软件进行支持的组织）关于发行协议的谈判正处于僵局之中。GNU Compiler Collection 现在使用的是第 3 版 GPL（GNU General Public License）协议，而苹果公司认为该协议不适合其操作系统。由于 2011 年的僵局，4.2.1 版本似乎的 `g++` 是苹果公司提供的最后一个版本，而不幸的是，更新版本的 `g++` 在添加即将到来的 C++ 标准中的新特性方面做了很多改进。然而，LLVM 项目中的 `clang++` 最终应该会成为一个完善的替代品。

2.2.2.3 Linux

Linux 平台上，开发者需要安装标准的开发包。一些发行版提供了一次性安装所有需要辅助包的功能；比如 Debian 和 Ubuntu 上的 `r-base-dev` 包。

一般来说，能够从源代码编译 R 自身的工具，对于从源代码编译 **Rcpp** 和使用了 **Rcpp** 的扩展包都是足够的。

2.2.2.4 其他平台

现在只有少数的其他平台还被广泛使用着。CRAN 存档在 Solaris 及其 Sun 编译器上进行过回归测试。然而，我们无法直接使用该平台，在这个平台上进行 **Rcpp** 的开发和调试都十分笨重。进一步说，我们也不觉得这个平台的潜在用户会有相当的兴趣。可以这样说，**Rcpp** 是作为一个 R 的插件来编译扩展包的，所以我们很明确地希望 **Rcpp** 可以在 R 所支持的所有平台上安装使用。

2.3 R 应用程序接口（API）

R 语言支持了一个应用程序接口，或者简称 API。这个 API 在 *Writing R Extension* 手册 (R Development Core Team, 2012d)中有详细描述，其在 R 安装时自带的头文件里定义。R 核心团队强调，应该只使用公开的 API，而其他（文档未注明）的函数可能会随时变化。

不止一本书里都描述了 API 及其使用。Venables 和 Ripley (Venables and Ripley, 2000) 提供了非常重要的早期资源。Gentleman (Gentleman, 2009)和 Matloff (Matloff, 2011)提供了更新的资源，而 Chambers 的 *Programming with Data* (Chambers, 2008) 一书就是这方面的权威资料了。

R 自身提供了两个基础的扩展函数：`.C()` 和 `.Call()`。首先，`.C()` 最早出现在 R 语言的早期版本中，并且限制很多。它有一个很严格的限制，就是只支持指向 C 中基本类型的指针。而近期的代码更多使用 `.Call()` 这一更丰富的接口。它可以操作所谓的 `SEXP` 对象，也就是指向 S 表达式的指针对象（pointers to S expression object）。R 语言内部的所有对象都被表示成 `SEXP` 对象，通过在 C 和 C++ 与 R 对该种对象的交换，程序员可以直接操作 R 对象。这是 **Rcpp** 的关键，也是 **Rcpp** 中大量使用 `.Call()` 的主要原因。

Rcpp 基于 R 自身提供的 API，并提供了用于扩展 R 的一个互补接口。通过使用 C++ 程序员已有的各种资源（但不是纯 C），**Rcpp** 可以提供一个在我们看来更加易于使用甚至更具一致性的接口，并且使用和 R 程序员处理数据更接近的方式。

2.4 首次使用 Rcpp 进行编译

已经讨论了编译器和工具的配置，也在第 1 章中给大家展示介绍了一些示例，现在是时候展示如何在实际的源代码上使用这些工具了。我们会通过使用明确的命令来展示所需要的不同步骤。后面会讨论更简短、方便的方法。

我们考虑前面一章中的第一个示例，并且我们假设斐波那契函数和封装器函数已经保存在了一个名为 `fibonacci.cpp` 的文件中。之后，在一台已经安装了 **Rcpp** 的 64 位 Linux 系统中，我们可以使用代码 2.1 中所示的命令进行编译。

```
1  sh> PKG_CXXFLAGS="-I/usr/local/lib/R/site-library/Rcpp/include" \
2      PKG_LIBS="-L/usr/local/lib/R/site-library/Rcpp/lib -lRcpp" \
```

```
3       R CMD SHLIB fibonacci.cpp
4   g++ -I/usr/share/R/include -DNDEBUG \
5       -I/usr/local/lib/R/site-library/Rcpp/include \
6       -fpic -g -O3 -Wall -c fibonacci.cpp -o fibonacci.o
7   g++ -shared -o fibonacci.so fibonacci.o \
8       -L/usr/local/lib/R/site-library/Rcpp/lib -lRcpp
9       -Wl,-rpath,/usr/local/lib/R/site-library/Rcpp/lib \
10      -L/usr/lib/R/lib -lR
```

代码 2.1 使用 **Rcpp** 的首次手动编译

执行 R CMD SHLIB 命令会触发两个不同的 g++ 调用。调用的第一条命令（第 4 行）和 R CMD COMPILE 相对应，用于将一个指定的源文件转换为目标文件。调用第二条命令（第 8 行）和 R CMD LINK 相对应，用于使用 g++ 编译器将目标文件链接为一个共享库。这会生成供我们载入 R 的 fibonacci.so 文件。还需要注意的是，第 1 行和第 2 行中定义的环境变量，用于使 R 知道去哪里找 **Rcpp** 所需要的头文件和库文件。

在我们进行到那一步之前，我们先回顾一下这里描述的方法中的一些要点：

1. 第 1 行中，我们需要设置两个环境变量，一个用于说明头文件的位置（通过 PKG_CXXFLAGS），一个用于说明库文件的位置和名称（通过 PKG_LIBS）。
2. 即使是相同的操作系统，由于这些设置都使用了显式的路径，在不同电脑上都不可移植。
3. 文件的扩展名是操作系统相关的，在 Linux 上共享库以 .so 结尾，在 OS X 上以 .dylib 结尾。

为了解决这些问题，**Rcpp** 提供了两个可以通过 Rscript 这个脚本前端来调用的辅助函数。

```
1   sh> PKG_CXXFLAGS=`Rscript -e 'Rcpp:::CxxFlags()'` \
2       PKG_LIBS=`Rscript -e 'Rcpp:::LdFlags()'` \
3       R CMD SHLIB fibonacci.cpp
```

代码 2.2 通过 Rscript 使用 **Rcpp** 的首次手动编译

运行代码 2.2 的结果和上面的两行命令相同。但这个方法相比较前一个方法，有以下提高：

1. 这些命令会获取可移植的信息，而通过使用这些命令，使用户从指定这些细节的繁琐过程中解放出来。
2. 这些辅助函数是 **Rcpp** 的一部分，从而使相关的位置和路径信息以可移植的方式出现。
3. 更进一步，这些辅助函数也知道操作系统细节，从而可以根据每个操作系统对诸如文件扩展名问题作出改变。

最后的结果是我们有了包含在 `Makefile` 中的、一条可以跨平台运行的命令 [②]。现在我们可以在 R 中使用这个文件了。

```
R> dyn.load("fibonacci.so")
R> .Call("fibWrapper", 10)
[1] 55
```

代码 2.3 在 R 中使用首次手动编译的结果

我们可以通过 `dyn.load()` 函数来载入这个共享库。这里使用了文件的全名，包括了不同平台下的扩展名：类 Unix 平台上的 `.so`，Windows 上的 `.dll` 和 OS X 上的 `.dylib`。一旦共享库被载入 R 会话，我们就可以通过标准的 `.Call()` 接口来调用 `fibWrapper` 函数了。我们使用参数 n 来计算对应的斐波那契数，并得到相应的结果。

这个示例很好地说明了我们在这一小节的重点：我们可以通过简短的 C++ 函数来扩展 R，即使这样做最初看起来有点复杂甚至吓人。下一节里讨论的 **inline** 和后面章节里的 Rcpp attribute 会使整个编译过程对于使用而言更加无缝。

2.5 inline 扩展包

前面的章节我们已经看到了如何编译、链接和装载一个供 R 使用的新函数。现在我们要更自信地讨论一个最初在第 1 章里提到的、可以大大简化这一流程的工具。

---

②Windows 用户可能要用不同的方式设置环境变量，这是 Windows 下 shell 的一个限制，而不是 **Rcpp** 自身的问题。

2.5.1 概览

使用编译过的代码来扩展 R 需要一个可靠的编译、链接和装载机制。从长远角度来看，在一个扩展包里这样来做是更合适的，但这对于快速探索则过于复杂了。手动进行这些编译活动是完全可能的。但正如前面的章节所示，这纯粹就是体力活。

一个更好的解决方案是使用 **inline** 扩展包 (Sklyar et al., 2012)。它可以通过简单的 `cfunction` 和 `cxxfunction` 来在 R 会话里直接编译、链接和装载 C、C++ 或者 Fortran 函数。而 `cxxfunction` 通过一个可以提供的额外的头文件和库位置的所谓 "plugin"，和 **Rcpp** 在一起使用得更好；另一个函数，`rcpp`，默认为 **Rcpp** 选择所需的 plugin。

inline 以及 **Rcpp** 自身都可以像其他 R 扩展包一样安装和升级，例如 `install.package()` 函数可以用于最初的安装，而 `update.packages()` 可以用于升级。所以即使 R/C++ 交互需要源代码，但 **Rcpp** 总会通过 CRAN 的扩展包机制提供预先编译好的库供大家使用[③]。

Rcpp 提供的供其他扩展包使用的库和头文件会在 **Rcpp** 安装时一起被安装。当构建一个扩展包时，`DESCRIPTION` 中 `LinkingTo:Rcpp` 会使 R 自动引用相应的头文件。这使得比直接通过 `R CMD COMPILE` 或 `R CMD SHLIB` 编译（如前面的章节所示）要简单得多，使用后者时 `Rcpp::CxxFlags()` 被用于 导出头文件的位置和合适 `-I` 选项。**Rcpp** 同时提供了供 `-L` 选项使用的信息，这需要通过 `Rcpp:::LdFlags()` 来进行链接。这可以被其他扩展包中的 `Makevars` 文件使用，或者直接分别设置 `PKG_CXXFLAGS` 和 `PKG_LIBS` 两个变量。

inline 扩展包同时使用了这两种机制。所有的工作都是在后台完成的，不需要显式地设置编译器或者链接器选项。更进一步，通过指定想要的结果，而不是显式地编码它，我们提供了一个合适的间接层，从而使得 **Rcpp** 可以完全从操作系统的特定组成中抽象出来。通过 **inline** 使用 **Rcpp** 可以像 R 自身一样可移植：同样的代码可以在 Windows、OS X 和 Linux 上运行（如果前面讨论过的工具都已经安装好）。

用于扩展 R 的函数的一个标准例子是两个向量的卷积；这个例子在 *Writing R Extension* 手册 (R Development Core Team, 2012d) 中被大量使用。这个

---

③这里假定了提供预先编译版本的平台。**Rcpp** 在 CRAN 上由供 Windows 和 OS X 用户的二进制格式，同时为 Debian 和 Ubuntu 用户提供一个 `.deb` 包。在其他系统上，**Rcpp** 在安装和升级时会自动从源代码进行编译。

卷积的例子可以用 **inline** 重写如下。函数的主体通过 R 中的字节变量 src 提供，函数头（变量及其命名）由 signature 参数提供，我们只需要设置 plugin=="Rcpp" 来得到一个基于 src 中的 C++ 代码的新的 R 函数 fun：

```
R> src <- '
+     Rcpp::NumericVector xa(a);
+     Rcpp::NumericVector xb(b);
+     int n_xa = xa.size(), n_xb = xb.size();
+
+     Rcpp::NumericVector xab(n_xa + n_xb - 1);
+     for(inti=0;i<n_xa; i++)
+       for (int j = 0; j < n_xb; j++)
+         xab[i + j] += xa[i] *xb[j];
+     return xab;
+'
R> fun <- cxxfunction(signature(a="numeric", b="numeric"),
+                      src, plugin="Rcpp")
R> fun( 1:4, 2:5 )
[1] 2 7 16 30 34 31 20
```

代码 2.4 使用 **inline** 的卷积示例

通过对 R 变量 src 的一次赋值，这里将 1 行拆成了 11 行，和对 R 函数 cxxfunction（由 **inline** 扩展包提供）的一次调用，我们生成了一个使用我们赋值给 src 的 C++ 代码的新的 R 函数 fun，而且所有这些都可以直接在 R 会话中完成，这使得利用 C++ 函数进行原型构建变得非常简单明了。

需要注意的是在 0.3.10 及以后版本的 **inline**，提供了一个很方便的封装器 rcpp，可以自动添加 plugin="Rcpp" 参数，所以代码 2.4 可以写成

```
fun <- rcpp(signature(a="numeric", b="numeric"), src)
```

但我们一般仍使用 cxxfunction() 格式。

还有另外一些选择也值得注意。添加 verbose=TRUE 可以显示 cxxfunction() 生成的临时文件和 R CMD SHLIB 触发的调用。这在需要做调试时是非常有用的。代码 2.5 显示了生成的文件。需要注意的方面包括使用随机产生的函数名进行函数定义，由 cxxfunction 中的 signature() 参数引入的两个变量名。同时也显示了会在 2.7 节中讨论的 BEGIN_RCPP 和 END_RCPP 两个宏。

其他选择允许我们设置额外的编译器选择以及额外的 include 文件夹，这个会在后面的章节里展示。

```
1  >> Program source :
2
3  1:
4  2 : // includes from the plugin
5  3:
6  4 : #include <Rcpp.h>
7  5:
8  6:
9  7 : #ifndef BEGIN_RCPP
10 8 : #define BEGIN_RCPP
11 9 : #endif
12 10 :
13 11 : #ifndef END_RCPP
14 12 : #define END_RCPP
15 13 : #endif
16 14 :
17 15 : using namespace Rcpp;
18 16 :
19 17 :
20 18 :
21 19 : // user includes
22 20 :
23 21 :
24 22 : // declarations
25 23 : extern "C" {
26 24 : SEXP file2370678f8cfe( SEXP a, SEXP b) ;
27 25 : }
28 26 :
29 27 : // definition
30 28 :
31 29 : SEXP file2370678f8cfe( SEXP a, SEXP b ){
```

```
32 30 : BEGIN_RCPP
33 31 :
34 32 : Rcpp::NumericVector xa(a);
35 33 : Rcpp::NumericVector xb(b);
36 34 : int n_xa = xa.size(), n_xb = xb.size();
37 35 : Rcpp::NumericVector xab(n_xa + n_xb - 1);
38 36 : for (int i = 0; i < n_xa; i++)
39 37 : for (int j = 0; j < n_xb; j++)
40 38 : xab[i + j] += xa[i]* xb[j];
41 39 : return xab;
42 40 :
43 41 : END_RCPP
44 42 : }
45 43 :
```

代码 2.5 使用 **inline** 的卷积示例在 verbose 模式下显示的源代码

2.5.2 使用 includes

正如在前面章节里提到的，`cxxfunction` 提供了一些其他选项。这里我们特别关注的是 `includes` 选项。正如在 1.2.7 节中所示，这可以允许我们包含另外的代码块，或者说，定义一个新的 `struct` 或 `class` 类型。

下面代码提供的示例来自 Rcpp FAQ，由一个用户在 **Rcpp** 邮件列表上提供的问题而来。`includes` 提供了一个代码片段，在其中有一个很简单的模板类，用于取其参数的平方。之后主函数在两种数据类型上使用了这个模板类：

```
1 R> inc <- '
2 +    template <typename T>
3 +    class square : public std::unary_function<T,T> {
4 +    public:
5 +        T operator()( T t) const { return t*t;}
6 +    };
7 +'
8 R> src <- '
```

```
9  +    double x = Rcpp::as<double>(xs);
10 +    int i = Rcpp::as<int>(is);
11 +    square<double> sqdbl;
12 +    square<int> sqint;
13 +    Rcpp::DataFrame df =
14 +      Rcpp::DataFrame::create(Rcpp::Named("x", sqdbl(x)),
15 +                              Rcpp::Named("i", sqint(i)));
16 +    return df;
17 +'
18 R> fun <- cxxfunction(signature(xs="numeric", is="integer"),
19 +                     body=src, include=inc, plugin="Rcpp")
20 R> fun(2.2, 3L)
21      x i
22 1 4.84 9
```

代码 **2.6** 在 **inline** 中使用 `include=`

这个示例里使用了一些之前没有遇到的 **Rcpp** 组件，比如 `DataFrame` 类和静态的 `create` 方法（这些都会在后面的章节讨论）。我们再次见到了显式使用的转换器 `Rcpp::as<>()`，这用于获取由 R 传递给 C++ 的标量类型 `integer` 和 `double`。

更重要的是定义了一个辅助类 `square`。它由一个公共类 `std::unary_function` 而来，通过模板化使得参数和返回值类型相同。它还定义了一个 `operator()`，被 `square` 类用于返回其参数的平方值。

这个示例展示了 `cxxfunction` 既可以用于简短的测试程序，也可以用于更复杂环境下的测试工作。事实上，下一节里讨论的 plugin 结构允许我们在需要的时候，做更多的个性化设置。本书最后一部分中讨论的 **RcppArmadillo**，**RcppEigen** 和 **RcppGSL** 扩展包都通过一个 plugin 生成器使用了这个机制。

2.5.3 使用 plugin

在前一个示例里我们已经见过了如何使用选项 `plugin="Rcpp"`。plugin 提供了一个广泛的机制给那些使用了 **Rcpp** 的扩展包提供额外的编译和链接信息。这些情况可能包括额外的头文件及其路径，也包括额外的库名及链接的路径。

在不讨论如何写一个 plugin 的细节的情况下，我们可以很简单地展示如何使用一个 plugin。下面的例子展示了 **RcppArmadillo** 扩展包下 `fastLm()` 函数的代码。这里我们使用 **inline** 中的 `cxxfunction` 对其进行了重写。

```
1  R> src <- '
2  +  Rcpp::NumericVector yr(ys);
3  +  Rcpp::NumericMatrix Xr(Xs);
4  +  int n = Xr.nrow(), k = Xr.ncol();
5  +  arma::mat X(Xr.begin(), n, k, false);
6  +  arma::colvec y(yr.begin(), yr.size(), false);
7  +  arma::colvec coef = arma::solve(X, y); // fit y ~ X
8  +  arma::colvec res = y - X*coef; // residuals
9  +  double s2 = std::inner_product(res.begin(),res.end(),
10 +                                res.begin(),double())
11 +                                /(n-k);
12 +  arma::colvec se = arma::sqrt(s2 *
13 +                    arma::diagvec(arma::inv(arma::trans(X)*X)));
14 +  return Rcpp::List::create(Rcpp::Named("coef")= coef,
15 +                            Rcpp::Named("se") = se,
16 +                            Rcpp::Named("df") = n-k);
17 +'
18 R> fun <- cxxfunction(signature(ys="numeric", Xs="numeric"),
19 +                    src, plugin="RcppArmadillo")
20 R> ## could now run fun(y, X) to regress y ~X
```

代码 2.7 使用 **inline** 的第一个 **RcppArmadillo** 示例

这个示例很好地展示了如何方便地将 **inline** 用于编译、链接和载入扩展包，甚至当这些扩展包依赖于其他一些 R 扩展包。**RcppArmadillo** 整合了 C++ 里的 **Armadillo** 库，刚刚的例子依赖于 **RcppArmadillo** 和 **Rcpp**。这里的 plugin 提供了这个示例里用于编译和链接的必要信息。

2.5.4 制作 plugin

Rcpp 的 FAQ 文档里提供了如何修改 plugin 的一个简单示例。这个示例主要集中在如何在 R 中使用 GNU Scientific Library（简称 GNU GSL 或

GSL)。关于 GSL，在其文档 (Galassi et al., 2010) 里有详细的描述。这里的例子展示了如何设置一个固定的头文件路径。一个更详尽的示例可能会尝试通过 gsl-config 辅助脚本来确定路径。在第 11 章里将讨论的 **RcppGSL** 扩展包就是这样实现的。

```
R> gslrng <- '
+   int seed = Rcpp::as<int>(par) ;
+   gsl_rng_env_setup();
+   gsl_rng *r = gsl_rng_alloc (gsl_rng_default);
+   gsl_rng_set (r, (unsigned long) seed);
+   double v = gsl_rng_get (r);
+   gsl_rng_free(r);
+   return Rcpp::wrap(v);
+'
R> plug <- Rcpp:::Rcpp.plugin.maker(
+      include.before = "#include <gsl/gsl_rng.h>",
+      libs = paste("-L/usr/local/lib/R/site-library/Rcpp/lib "
+                   "-lRcpp -Wl,-rpath,"
+                   "/usr/local/lib/R/site-library/Rcpp/lib ",
+                   "-L/usr/lib -lgsl -lgslcblas -lm", sep=""))
R> registerPlugin("gslDemo", plug )
R> fun <- cxxfunction(signature(par="numeric"),
+                        gslrng, plugin="gslDemo")
R> fun(0)
[1] 4293858116
R> fun(42)
[1] 1608637542
R>
```

代码 2.8 制作一个供 **inline** 使用的 plugin

这里 **Rcpp** 中的 Rcpp.plugin.maker 函数用于生成一个名为 plug 的 plugin。我们特别指定了去包含 GSL 头文件中的随机数生成函数。同时我们也指定了用于连接 GSL 的库文件 (这里的值适合于 Linux 系统)。之后，我们注册并通过调用 cxxfunction() 来对其进行了部署。最后，对新函数进行测试，使用了两个不同的初始种子来生成不同的随机数。

2.6 Rcpp attributes

Rcpp 最近新添加的内容提供了一个 C++ 和 R 之间更直接的联系。这个特性被称为 “attributes”，其名字来自于最新的 C++11 标准里的同名扩展（只有当 CRAN 允许使用这些扩展后，R 用户才能使用，这可能需要几年时间）。

简单地说，“Rcpp attributes” 内化了 **inline** 中的核心特性，并与此同时重用了诸如 plugin 等供 **inline** 使用的基础结构。

“Rcpp attributes” 提供了很多新函数，sourceCpp 用于载入一个 C++ 函数（和用于载入 R 代码的 source 类似），cppFunction 用于 从一个字符串参数生成一个函数，evalCpp 用于直接对一个 C++ 表达式求值。

在后台，这些函数使用了 as<> 和 wrap 这些现有的封装器，并且事实上非常依赖于它们：任何已有从 SEXP 类型转换而来，或者转换成 SEXP 类型封装器的参数都可以被使用。诸如 R CMD COMPILE 和 R CMD SHLIB 的标准编译命令在后台被执行，模板编程被用于提供编译时的结合和转换。

一个示例可以展示上述情况：

```
1 cpptxt <- '
2 int fibonacci(const int x) {
3     if (x < 2) return(x);
4     return (fibonacci(x - 1)) + fibonacci(x - 2);
5 }'
6 fibCpp <- cppFunction(cpptxt) # 编译、载入、链接，等等……
```

代码 2.9 新函数 cppFunction 示例

cppFunction 返回一个 R 函数。这个 R 函数会调用一个同样由 cppFunction 在临时文件中构建的封装器。之后这个封装器函数会调用我们作为一个字符串传入的 C++ 函数。由 cppFunction 执行的这个构建过程使用了一个缓存机制来保证在一个会话中只需要一次编译（只要使用的源代码没有改变）。

另外，我们也可以把写有代码的文件名传给 sourceCpp 函数，由其来编译、链接和载入相应的 C++ 代码，并赋值给左边的 R 函数。

这些新的 attributes 也可以使用 **inline** 中的 plugin。后面这个简单的例子使用了 **RcppGSL** 扩展包（我们会在第11章里详细讨论）里的 plugin。这个程序本身并不那么有趣：我们只是使用了 5 个物理常量的定义。

```
1  R>code <- '
2  + #include <gsl/gsl_const_mksa.h> // decl of constants
3  +
4  + std::vector<double> volumes() {
5  +     std::vector<double> v(5);
6  +     v[0] = GSL_CONST_MKSA_US_GALLON; // 1 US gallon
7  +     v[1] = GSL_CONST_MKSA_CANADIAN_GALLON; // 1 Canadian gallon
8  +     v[2] = GSL_CONST_MKSA_UK_GALLON; // 1 UK gallon
9  +     v[3] = GSL_CONST_MKSA_QUART; // 1 quart
10 +     v[4] = GSL_CONST_MKSA_PINT; // 1 pint
11 +     return v;
12 +}'
13 R>
14 R> gslVolumes <- cppFunction(code, depends="RcppGSL")
15 R> gslVolumes()
16 [1] 0.003785412 0.004546090 0.004546092 0.000946353 0.000473176
17 R>
```

代码 2.10 新函数 cppFunction 中使用 plugin

inline 扩展包已经非常成熟并被测试过，然而 attributes 相关的函数还远未如此成熟，所以本书的后面部分会继续使用 **inline** 扩展包及其更详细一些的表达式。一旦接口稳定下来，以后更新的文档可能会使用这些新的函数。正如上面的示例所展示，从一个系统转换到另一个系统是无缝的。

2.7 异常处理

C++ 有一个异常处理机制。在概念的层面，这和 R 程序员所熟悉的 `tryCatch()`，或更简单的 `try()` 相类似。

本质上讲，关键字 `try` 后面的代码段可以通过后面跟有恰当类型的关键字 throw 来抛出一个异常对象。异常对象的类型由 std::exceptions 类型继承而来。

后面的例子展示了这一点：

```
extern "C" SEXP fun( SEXP x ) {
    try {
        int dx = Rcpp::as<int>(x);
        if (dx > 10)
            throw std::range_error("too big");
        return Rcpp::wrap(dx *dx);
    } catch( std::exception& __ex__) {
        forward_exception_to_r(__ex__);
    } catch(...) {
        ::Rf_error( "c++ exception (unknown reason)" );
    }
    return R_NilValue; // not reached
}
```

代码 2.11 C++ 抛出和捕获异常示例

我们展示了一个完整的函数，而不是 **inline** 中的 cxxfunction 所使用的简短的代码段。

如果这个函数被编译和链接（通过可以找到 **Rcpp** 头文件和库的编译选项），我们可以这样调用它

```
R> .Call("fun", 4)
[1] 16
R> .Call("fun", -4)
[1] 16
R> .Call("fun", 11)
Error in cpp_exception(message = "too big",
    class = "std::range_error") : too big
R>
```

代码 2.12 使用 C++ 中抛出和捕获异常的示例

由于代码只是检测参数是否大于 10，4 和 −4 都会被这个（并不怎么有趣

的）函数求得平方值。对于参数 11，会通过跟有 std::range_error 的 throw 来抛出异常，通过一个文本显示，对于预定的参数范围，这个参数太大了。

在 throw 之后，会有一个合适的 catch() 代码块被确定。由于这里异常的类型是由标准异常继承而来的，第一个分支就是代码进入的地方。之后这个异常被传递给一个内部的 **Rcpp** 函数，将其转化为一个 R 的错误信息。在 R 层面，我们同时看到了异常被捕获及其类型。

这是一个非常有用的机制，可以允许程序向调用主体（这里是 R 语言）返回一个清晰定义的信息。

我们可以用另一个例子来展示最后一点。如果我们调用这个函数时使用了一个非数值的参数，会发生什么？

```
R> .Call("fun", "ABC")
Error in cpp_exception(message = "not compatible with INTSXP",
    class = "Rcpp::not_compatible") :
  not compatible with INTSXP
R>
```

代码 2.13 C++ 中抛出异常及 **Rcpp** 类型检查

这里调用函数时使用了一个字符变量，这无法用于给整型变量 dx 赋值。所以由 **Rcpp** 中本应用于整型（as<int>）的模板函数 as 抛出了异常。这个抛出的异常类型为 Rcpp::not_compatible，同样从标准异常继承而来，并且生成了合适的 R 报错信息。如果后面两章里提到的 **Rcpp** 类型被初始化得不正常，也会显示类似的信息。

如果没有匹配的捕获类型，那默认的 catch 分支会被执行。这里它只是简答地调用 R API 中的错误函数，来显示一个固定的文本信息。

由于 try 声明（实际代码段之前）和最后的 catch 语句实际上是不变的，所以他们也可以用一个简单的宏来表达。**Rcpp** 中提供类似的宏。代码 2.14 展示了其定义。

```
#ifndef BEGIN_RCPP
#define BEGIN_RCPP try{
#endif

#ifndef VOID_END_RCPP
#define VOID_END_RCPP } \
    catch (std::exception& __ex__) { \
        forward_exception_to_r(__ex__); \
    }\
    catch(...) { \
        ::Rf_error("c++ exception (unknown reason)"); \
    }
#endif

#ifndef END_RCPP
#define END_RCPP VOID_END_RCPP return R_NilValue;
#endif
```

代码 2.14 Rcpp 中用于异常处理的 C++ 宏

由于这些宏也可以被 cxxfunction 使用，后面的函数和代码 2.11 是等价的。

```
src <- 'int dx = Rcpp::as<int>(x);
    if(dx>10)
        throw std::range_error("too big");
    return Rcpp::wrap( dx * dx);
')
fun <- cxxfunction(x="integer", body=src, plugin="Rcpp")
fun(3)
[1] 9
fun(13)
Error: too big
```

代码 2.15 C++ 中抛出和捕获异常的 **inline** 版本

感谢 **inline**，这个版本可以更容易地编译、链接和载入。当然使用 Rcpp attributes 的版本也可以很轻易地写出来：

```
cppFunction('
    int fun2(int dx) {
        if(dx>10)
            throw std::range_error("too big");
        return dx * dx;
    }
')
fun2(3)
[1] 9
fun2(13)
Error: too big
```

代码 2.16 C++ 中抛出和捕获异常的 **Rcpp** attributes 版本

这两种情形下，**Rcpp** 的异常处理框架都通过向产生的文件添加所需代码的方式而自动完成。

第二部分

核心数据类型

第 3 章　数据结构：第一部分

章节摘要　这一章，我们先讨论了 RObject 类，其在 **Rcpp** 类系统中居于核心地位。但一般不会直接使用 RObject 类，而是把它作为其他重要或常用类的基础。然后我们会讨论两种核心向量类型 NumericVector 和 IntegerVector。在本章最后，我们会简要介绍一下其他的向量类型。

3.1　RObject 类

RObject 类在实现 **Rcpp** 类的层次系统中占据了核心地位。虽然它不是直接面向用户的，但它为我们下面会详细讨论的类提供了公用的数据结构。它是构建 **Rcpp** API 的基础类。在讨论基于这个类的其他重要类之前，我们会先讨论这个类的方方面面。每个 RObject 类实例都封装了一个 R 对象。而每个 R 对象都可以在内部表示为一个 SEXP： 一个指向所谓的“S 表达式”对象（或简称 SEXPREC）的指针。*R Internals* 手册 (R Development Core Team, 2012b, 1.1 节) 中提供了，关于指向 SEXPREC 的 SEXP 指针，和相关的 VECSXP，即 S 表达式向量的完整处理方法。关键的一点在于，S 表达式对象是联合类型（或者有时候被称为可变类型）。可以这样认为，依赖控制域的特定值可以用来表示不同的类型。有人可能会觉得和 switch 语句类似，根据表达式的值，给定的分支语句中的一个会被执行。给定一个联合类型，根据控制域的值，剩余的字节会被解析成控制域所暗示的类型。因此，这意味着 SEXP 所指向的对象可以保存一个整型向量，而另外一个对象可以保存一个字符串，或者其他内置类型中的一种。

这种表示方法的一个重要方面在于，SEXP 对象被认为是**不透明的**（opaque）。在编程中，这个概念通常指那些只能通过辅助函数间接访问和查看的东西。这些函数由 R 语言的 C API 提供。特别地，其也提供了宏（事实上有两套不同的宏）去访问 SEXP 类型。我们的 **Rcpp** 扩展包通过使用 C++ 所提供的更高层次的抽象，从而扩展了 C API。

与 C API 相似，**Rcpp** API 包含了一组适用于所有类型的一致的函数。这些函数的关键部分是内存的分配和释放。一般来说，**Rcpp** API 的使用者永远不需要手动分配内存，也不需要使用之后手动地释放。一个极端重要的观点就是，内存管理被认为是产生编程错误的一个常见源头。举例来说，C 语言被批评太容易出错，因为它要求显式且手动地管理内存。而诸如 Java 和 C# 等语言则希望通过替用户管理内存来改进 C。C++ 走了一条中间路线：程序员可以手动管理内存（这对看重性能的应用来说很重要），同时像 STL 标准模板库（附录 A.5 节中有一个简要介绍）这类语言结构也提供了诸如向量和列表的控制结构。其通过提供更高层次的抽象，将程序员们从手动而容易出错的内存分配和释放工作中解放出来。**Rcpp** 遵循了这一原则，RObject 类是其实现中的关键一环，其为用户自动管理内存分配和释放。

在实际的实现之中，关于 RObject 类最关键的一点是：它封装了 SEXP 类型，而它只是很薄的一层。通过充分封装底层的 SEXP，并提供成员函数进行访问或修改，从而扩展了 R API 中不透明的查看方法。大家可以认为 **Rcpp** 所提供的 API 提供了更丰富、更完整的方法去访问底层的 SEXP 数据展现，而其数据表示与 R 中表示对象的方式相同。

实际上，SEXP 是 RObject 中唯一的数据成员[①]。因此 RObject 类并不会干扰 R 的管理内存方式。它也没有将对象拷贝到一个不同的，可能由 C++ 优化过的表示方式中。它表现得更像是它所封装对象的代理（proxy）。通过这样，应用到 RObject 实例上的方法会通过代理类所调用的 R API 函数，被传递回 SEXP 上。

RObject 类同样也利用了 C++ 对象的显式生命周期：通过调用所谓构造成员函数来动态分配对象（按照 C 和 C++ 的说法，就是“在堆上”），而在局部作用域结束时会自动通过析构函数进行释放。这让底层的 R 对象（由 SEXP 表示）可以 被 R 的垃圾回收器很明确地管理。RObject 会将其底层的 SEXP 作为资源而高效地使用。RObject 类的构造函数会通过必要的措施来保护其底层的 SEXP 不被垃圾回收器回收，而其析构函数则负责去除这一保护。这两个步骤一起为用户提供了透明且自动的内存管理。通过承担了垃圾回收的所有责任，**Rcpp** 将程序员从使用 R API 提供的 PROTECT 和 UNPROTECT 两个宏书写重复代码来管理保护堆中解放了出来。

---

①详细内容请见头文件 include/Rcpp/RObject.h。

除了内存管理功能之外，还有很多辅助函数适用于 RObject 类的实例。由于底层的 SEXP 可能是不同类型，这些成员函数必须适用于任何可以用 SEXP 表示的 R 对象，无论其类型。

有几个成员函数对所有基于 RObject 的类都适用。isNULL、isObject 和 isS4 函数用于询问对象性质。这些函数的显式命名提供了一个初步的描述；根据其作用于的对象，这些函数会返回真值或者假值。类似地，成员函数 inherits 可以用于检测是否由特定的类继承而来。R 对象的属性可以使用函数 attributeNames、hasAttribute 和 attr 来查询或设置。对于 S4 对象[②]，hasSlot 和 slot 函数允许操作数据槽（data slot），而数据槽是 S4 对象系统的核心特征。

很多用户可见的类都基于 RObject 类：

IntegerVector 用于 integer 类型的向量。

NumericVector 用于 numeric 类型的向量。

LogicalVector 用于 logical 类型的向量。

CharacterVector 用于 Character 类型的向量。

GenericVector 用于实现了 List 类型的泛型向量。

ExpressionVector 用于 expression 类型的向量。

RawVector 用于 raw 类型的向量。

对于 integer 和 numeric 类型，我们同样有 IntegerMatrix 和 NumericMatrix 来对应 R 中的等价类型，并且实现方面也类似，都是附带维度属性，确定了行和列数的向量。

我们会在接下来的两节中，相当详细地讨论 integer 和 numeric 类型的向量，并给出示例。

3.2 IntegerVector 类

IntegerVector 类给出了从标准的 R 整型向量以及到标准的 R 整型向量的自然映射。我们可以将已有的 R 向量赋值给 C++ 对象，也可以直接在 C++ 中创建新的整型向量，然后返回给 R。这两种情况都有对应的转换函数——模板函数 as<>() 用于从 R 转换到 C++，而 wrap() 函数的方向则相反。多亏了 C++ 模板逻辑，这两个函数会被自动调用。

[②] 处理数据槽的成员函数只能用于 S4 对象，否则会抛出异常。

3.2.1 示例一：返回完美数

假设我们想写一个函数来返回一个包含了前四个完美（偶）数的向量。完美数是指等于其因子之和的正整数。第一个完美数是 6，因为它的因子 1、2 和 3 的和等于 6。第二个完美数是 28：

$$28 = 1 + 2 + 4 + 7 + 14$$

随后的两个完美偶数 496 和 8182 已经被古希腊人所知道[3]。

我们在 1.2.4 节简介过 **inline** 扩展包，并在 2.5 节给出了更详细的介绍。使用这个包，我们可以很快在 R 中创建基于 C++ 代码的函数。**inline** 扩展包将 C++ 源代码作为字符变量使用，然后编译、链接并载入代码，返回一个可以直接访问的函数。这里，我们将五个用分号分隔的语句赋值给一个 R 字符变量 src。这个变量和另外一个用于函数签名的参数（在本例中是空的）被传入 cxxfuction() 中。而选择 “Rcpp” 作为 plugin 会引导 cxxfunction() 寻找 **Rcpp** 中的头文件和库：

```
1  R> src <- '
2  +       Rcpp::IntegerVector epn(4);
3  +       epn[0] = 6;
4  +       epn[1] = 14;
5  +       epn[2] = 496;
6  +       epn[3] = 8182;
7  +       return epn;
8  +'
9  R> fun <- cxxfunction(signature(), src, plugin="Rcpp")
10 R> fun()
11 [1] 6 14 496 8182
```

代码 3.1 返回 4 个完美数的函数

这个例子当然并没有太多的意义——我们可以用一个单独的 R 语句创建同样的 R 向量。但是这个简短的程序还是展示了一些这种向量类型的特点：

- 创建一个新向量和选择初始大小一样简单（还有其他的创建方法）。

[3] 详细内容请见 http://en.wikipedia.org/wiki/Perfect_number。

- 向量的元素可以一一设置（最新的 C++11 标准会允许在一个语句中进行数组风格的赋值）。
- 由于隐式调用了 wrap，返回向量不需要额外的代码。

下一节我们将会以这个示例为基础继续讨论。

3.2.2 示例二：使用输入

前一个示例展示了如何在 C++ 层面创建一个新的向量。从 R 中接收一个向量也是很简单直接的。考虑下面这个简单的例子，它对给定的整型向量实现了 prof() 函数。注意这里使用冒号操作符（:）创建了一个整型序列，尽管我们没有通过后缀 L（比如用 10L）来显式地声明整型。

```
1  R> src <- '
2  +       Rcpp::IntegerVector vec(vx);
3  +       int prod = 1;
4  +       for ( int i=0; i<vec.size(); i++) {
5  +               prod *= vec[i];
6  +       }
7  +       return Rcpp::wrap(prod);
8  + '
9  R> fun <- cxxfunction(signature(vx="integer"), src,
10 +                     plugin="Rcpp")
11 R> fun(1:10)    # 创建整型向量
12 [1] 3628800
```

代码 3.2 prod() 函数的第一个重新实现

这个示例展示了实例化一个 IntegerVector 对象的第二种方法。这个例子里，通过隐式使用模板函数 as<>，从而使用了 SEXP 类型的参数。这个变量通过 cxxfunction() 的第一个参数被定义为函数签名。通过 vx，向量 vec 被实例化：它包含了从 R 而来的指向原始 SEXP 对象指针的一个拷贝。这里非常重要的一点是只拷贝了指向底层数据的指针，数据本身没有被拷贝。

有了 vec，计算乘积就非常简单明了了。我们也可以如下面的例子，使用标准模板库（STL）中的工具来解决这个问题。

```
R> src <- '
+     Rcpp::IntegerVector vec(vx);
+     int prod = std::accumulate(vec.begin(),vec.end(),
+                                1, std::multiplies<int>());
+     return Rcpp::wrap(prod);
+ '
R> fun <- cxxfunction(signature(vx="integer"), src,
+                     plugin="Rcpp")
R> fun(1:10)    # 创建整型向量
[1] 3628800
```

代码 3.3 prod() 函数的第二个重新实现

这个方法使用了 accumulate() 函数，和其他 STL 函数一样存在于 std 命名空间。它通过指向向量起始和结束位置的迭代器（iterator）使用。关于迭代器，我们可以认为是一个可以安全使用的指针。这就允许了函数操作选定范围内的元素。后面两个参数分别是 1，这与前面的示例一样，和一个二元函数，这里是已经定义好的 multiplies。multiplies 是个模板函数，根据我们这里的向量类型而用于处理整型。使用 STL 在最初可能看起来更复杂一些。但正如 R 中的函数式编程随着使用变得更自然一样，大量使用 STL 是进行 C++ 编程时很推荐的一个习惯。

这两个示例，尽管很容易理解，也很适合进行扩展，但仍有一些缺陷，我们在正式代码中不会这样使用。首先，没有对向量中的 NA 值或 0 进行检测。其次，由于整型溢出的问题，这个代码在更大的数值上表现很差：甚至序列 1L:13L 返回的结果就已经和 prod 不同了，所以在计算开销很大时，使用指数加和来计算乘积更可行一些（这可以作为一个选项提供）。再次，从更美观的观点来看，我们可以直接去掉对临时变量的赋值，而直接通过 wrap 返回 accumulate 的结果。

3.2.3 示例三：使用错误的输入

类继承结构的一个重要特点就是检测输入类型的能力。想想上面这个为整型向量而写的函数。当输入不同的类型的时候，我们期待它会有怎样的行为？比如在要求整型向量的地方输入了浮点数向量：自动的类型转换自然会很好。但是应该怎样处理显然不恰当的类型呢？

我们可以利用上面的示例程序来展示这种行为。让我们回到重新实现的 prod 函数，它要求输入一个整型向量。

```
R> fun(1:10)
[1] 3628800
R> fun(seq(1.0, 1.9, by=0.1))
[1] 1
```

代码 3.4 用浮点数作为输入对 prod() 进行测试

第一个例子重现了我们之前看到的现象：浮点数（刚好全部都是整数）[④] 可以顺利转换成对应的整数。第二个例子更有趣：1.0 到 1.9 的十个浮点数的乘积居然是 1？怎么会这样？

答案在于计算机处理浮点数和整数时的典型机制。这里，我们将一个都大于等于 1 的浮点数向量赋值给一个整型向量。这里的标准行为是截断（而非取整）。所以 1.5 也是等于 1。结果这十个 1.0 到 1.9 之间的浮点数的整数乘积是 1^{10}。

但如果我们真的输入不恰当的类型呢？

```
R> fun(LETTERS[1:10])
Error in fun(LETTERS[1:10]) : not compatible with INTSXP
```

代码 3.5 用不正确的输入对 prod() 函数进行测试

因为无法将字符转换成整数，所以在实例化整型向量的时候，抛出了一个异常。这个异常被捕捉，并在控制（在交互会话中）复位时，被转换成 R 的错误信息，这一点我们在 2.7 节中讨论过。换句话来说，**Rcpp** 对象既会测试输入类型是否合适，也会在无法接受的类型作为输入时，将控制返回给 R 会话。

最后还有重要的一点，我们提到了 R 的整型向量可以轻易转换成 std::vector<int>。类似地，下一节讨论的 NumericVector 类型也可以转换成 std::vector<double>。

---

④R 中数值的默认类型都是浮点数，整类需要通过 L 显式声明，读者可以对比 typeof(1) 和 typeof(1L) 返回的结果。——译者注

3.3 NumbericVector 类

3.3.1 示例一：使用两个输入

NumericVector 很有可能是 **Rcpp** 中最常用的类。其对应 R 中最基本的数值向量，可以包含实值浮点变量。其存储类型是 double，所有的计算都像在 R 本身中一样，以双精度进行。

作为第一个例子，我们考虑一个很简单的平方和计算的推广。除了总是求平方和之外，我们可以传入一个参数作为其指数。

```
R> src <- '
+       Rcpp::NumericVector vec(vx);
+       double p = Rcpp::as<double>(dd);
+       double sum = 0.0;
+       for (int i=0; i<vec.size(); i++) {
+           sum += pow(vec[i], p);
+       }
+ '
R> fun <- cxxfunction(signature(vx="numeric", dd="numeric"),
+                     src, plugin="Rcpp")
R> fun(1:4,2)
[1] 30
R> fun(1:4,2.2)
[1] 37.9185
```

代码 3.6 平方和函数的推广

这个例子也可以使用 STL 中的算法重写。使用自定义的转换函数会更复杂一点，因为其更着重于 C++，而且这会分散我们对 C++ 和 R 相结合的注意力。

3.3.2 示例二：引入 clone

上面提及的代理模型实现的一个重要方面就是 C++ 对象包含了一个指向底层 SEXP 对象的指针，而 R 中的 SEXP 对象本身也是一个指针。这意味着，如果想对一个向量做转换，比如说取对数，并且想返回对原向量修改过的拷贝，下面的代码是不可行的，因为两个向量都是由输入参数构造的：

```
R> src <- '
+       Rcpp::NumericVector invec(vx);
+       Rcpp::NumericVector outvec(vx);
+       for (int i=0; i<invec.size(); i++) {
+               outvec[i] = log(invec[i]);
+       }
+       return outvec;
+ '
R> fun <- cxxfunction(signature(vx="numeric"),
+                     src, plugin="Rcpp")
R> x <- seq(1.0, 3.0, by=1)
R> cbind(x, fun(x))
       x
[1,] 0.0000000 0.0000000
[2,] 0.6931472 0.6931472
[3,] 1.0986123 1.0986123
R>
```

代码 3.7 从同一个 SEXP 类型中声明两个向量

因为其指针指向了同样的底层 R 对象，所以对 outvec 的修改也会影响 invec。因此作为参数传入的 R 对象也会被改变。所以在为了效率使用这个轻量级的代理模型时，我们需要不同的操作来生成一个独立的向量。clone 方法是个不错的选择，其为新的对象分配了内存空间。因此这些修改不会影响原变量：

```
R> src <- '
+       Rcpp::NumericVector invec(vx);
+       Rcpp::NumericVector outvec = Rcpp::clone(vx);
+       for (int i=0; i<invec.size(); i++) {
+               outvec[i] = log(invec[i]);
+       }
+       return outvec;
```

```
8  + '
9  R> fun <- cxxfunction(signature(vx="numeric"),
10 +                     src, plugin="Rcpp")
11 R> x <- seq(1.0, 3.0, by=1)
12 R> cbind(x, fun(x))
13        x
14 [1,] 1 0.0000000
15 [2,] 2 0.6931472
16 [3,] 3 1.0986123
17 R>
```

代码 3.8 从同一个 SEXP 对象声明两个向量时使用 clone

应该注意的是，clone 是基于 RObject 的向量的通用特性，并且适用于所有从 SEXP 实例化而来的对象。

为了讨论的完整，我们需要提一下，使用 Rcpp sugar（这点会在第8章中详细讨论），我们可以用更简单的形式，直接通过向量化调用 log() 函数来对结果赋值：

```
1  R> src <- '
2  +       Rcpp::NumericVector invec(vx);
3  +       Rcpp::NumericVector outvec = log(vx);
4  +       return outvec;
5  + '
6  R> fun <- cxxfunction(signature(vx="numeric"),
7  +                     src, plugin="Rcpp")
8  R> x <- seq(1.0, 3.0, by=1)
9  R> cbind(x, fun(x))
10     x
11 [1,] 1 0.0000000
12 [2,] 2 0.6931472
13 [3,] 3 1.0986123
14 R>
```

代码 3.9 使用 Rcpp sugar 来计算第二个向量

由于可以隐式使用 wrap()，我们甚至可以去掉对 outvec 的声明和赋值，而直接在 return 语句中直接进行计算。

3.3.3 示例三：矩阵

在数学建模中，除了向量以外，矩阵也同等重要，因为它们在线性代数中都扮演了重要的角色。像在 R 中一样，**Rcpp** 中的矩阵在内部被实现为带维度属性的向量。类似地，更一般的形式是多维数组，而矩阵不过是一个特例，其维度属性只有两个，一个行和一个列。

举例来说，一个三维的数值向量可以如下面一样被创建：

```
Rcpp::NumericVector vec3 =
   Rcpp::NumericVector(Rcpp::Dimension(4,5,6);
```

代码 3.10 声明一个三维向量

多维数组在一些特定的应用中会非常有用。然而，我们这里着重于矩阵在线性代数中的一般用途。

下面的示例展示了矩阵的用法和前面一节中讨论过的 clone 方法。

```
R> src <- '
+   Rcpp::NumericMatrix mat =
+         Rcpp::clone<Rcpp::NumericMatrix>(mx);
+   std::transform(mat.begin(), mat.end(),
+         mat.begin(), ::sqrt);
+   return mat;
+ '
R> fun <- cxxfunction(signature(mx="numeric"), src,
+                     plugin="Rcpp")
R> orig <- matrix(1:9, 3, 3)
R> fun(orig)
        [,1]    [,2]    [,3]
[1,] 1.00000 2.00000 2.64575
[2,] 1.41421 2.23607 2.82843
[3,] 1.73205 2.44949 3.00000
```

```
16 R>
```

代码 3.11 用于求矩阵中元素平方根的函数

这个示例也展示如何在内存中将一个二维矩阵作为一个一维的连续向量处理（和 R 中一样），以及 sqrt() 函数被应用到了每个元素之上。

将会在第8章中详细讨论的很多“Rcpp sugar”扩展都可以直接应用于向量和矩阵。

3.4 其他向量类

3.4.1 LogicalVector

由于 LogicalVector 类用于表示两个可能的逻辑值或布尔值，其与 IntegerVector 类很相似。这两个逻辑值，True 或 False，可以映射到 1 或 0（或更一般来说的“非零”和零）。

然而，正如 R 通常支持其数据结构中有缺失值，LogicalVector 也必须支持缺失值，实际上这可以看做要支持三种可能的值，而不只是两种。代码 3.12 展示了非有限值 NaN、Inf 和 NA 是如何在逻辑向量中变成 NA 的。

```
1  R> fun <- cxxfunction(signature(), plugin="Rcpp",
2  +                     body='
3  +      Rcpp::LogicalVector v(6)
4  +      v[0] = v[1] =false;
5  +      v[2] = true;
6  +      v[3] = R_NaN;
7  +      v[4] = R_PosInf;
8  +      v[5] = NA_REAL;
9  +      return v;
10 + ')
11 R> fun()
12 [1] FALSE  TRUE   FALSE   NA  NA  NA
13 R> identical(fun(), c(FALSE, TRUE, FALSE, rep(NA, 3)))
14 [1] TRUE
```

```
15 R>
```

代码 3.12 对逻辑向量进行赋值的函数

这个示例说明了，将三种非有限值 NaN、Inf（可正可负）和 NA（通常只在实值变量中定义）赋值给逻辑变量都会变成 NA。

这个示例也说明了，使用 R 中的 identical 函数无法判断返回值来自 **Rcpp** 创建的函数，还是来自 R 自身创建的函数。

3.4.2 CharacterVector

CharacterVector 类可以用来表示 R 字符向量（即 “string”）。

```
1  R> fun <- cxxfunction(signature(), plugin="Rcpp",
2  +                    body='
3  +       Rcpp::CharacterVector v(3);
4  +       v[0] = "The quick brown";
5  +       v[1] = "fox";
6  +       v[2] = R_NaString;
7  +       return v;
8  + ')
9  R> fun()
10 [1] "The quick brown"   "fox"   NA
11 R>
```

代码 3.13 对字符向量进行赋值

与其他向量相似，CharacterVector 在保存其主要类型，也就是 strings 时，也可以保存 NA 值。字符向量也可以转换为 std::vector<std::string>。

3.4.3 RawVector

RawVector 在需要处理 raw 字节数据的时候非常有用。比如在一个网络应用中，将字节数据传输到另一个应用或运行在其它的机器上的程序。由于这样的情况一般都是特例，我们就不在此给出完整的示例了。

第 4 章 数据结构：第二部分

章节摘要 这一章会介绍其他几个重要的类，比如 List、DataFrame、Function 和 Environment。它们都对应了 R 语言中的重要对象，并且底层都由一个 SEXP 表示。

前一章讨论了以 Vector 类为中心的基本 **Rcpp** 类，包括了整型、数值型和 raw 字节型、逻辑向量和字符串向量等内容，也提及了多维向量和其中重要的特例——矩阵。

这一章里面，我们将会继续分析更多的数据类型。引入一个有用的辅助类之后，我们会继续介绍类似的另一种向量类型，但却非常重要的 List 类型。然后我们会在分别介绍 Function 和 Environment 类之前介绍 DataFrame 类。我们还会简单地介绍 S4 和 Reference Classes，最后我们会讨论一下 R 的数学函数。

4.1 Named 类

Named 类是一个辅助类，用于设定键/值对中的键。其对应 R 中的标准用法。参看下面这个简单的示例：

```
1  R> someVec <- c(mean=1.23, dim=42.0, cnt=12)
2  R> someVec
3   mean dim cnt
4   1.23 42.00 12.00
5  R>
```

代码 4.1 R 中创建一个命名向量

这个示例中三个元素被赋值到一个向量中，同时每一个元素被赋予了一个对应的标识或标签。Named 类允许我们对 C++ 创建的对象做类似的事情，这样我们就可以将 C++ 创建的对象带着类似的标签返回到 R 调用的函数中了。

后面几节中我们会继续给出这个类的一些示例。而作为第一个例子，下面让我们看看如何在 C++ 中创建上面展示的向量：

```
1  R> src <- '
2  +     Rcpp::NumericVector x =
3  +         Rcpp::NumericVector::create(
4  +             Rcpp::Named("mean") = 1.23,
5  +             Rcpp::Named("dim") = 42,
6  +             Rcpp::Named("cnt") = 12);
7  +     return x; '
8  R> fun <- cxxfunction(signature(), src, plugin="Rcpp")
9  R> fun()
10  mean dim cnt
11  1.23 42.00 12.00
12 R>
```

代码 4.2 C++ 中创建一个命名向量

我们可以通过下面的方法来简化冗长的编码风格：

- 通过声明 using namespace Rcpp; 来引入 **Rcpp** 命名空间（我们应该注意，**inline** 扩展包中的 cxxfunction() 函数选择 “Rcpp” 作为其 plugin 时，也会引入这个命名空间）。
- 使用缩写形式：_["key"]。

可以把上面的代码改写成下面这样的：

```
1 R> src <- '
2 +     NumericVector x = NumericVector::create(
3 +         _["mean"] = 1.23,
4 +         _["dim"] = 42,
5 +         _["cnt"] = 12);
6 +     return x; '
7 R> fun <- cxxfunction(signature(), src, plugin="Rcpp")
8 R> fun()
```

```
  mean dim cnt
  1.23 42.00 12.00
R>
```

代码 4.3 C++ 中创建一个命名向量的第二种方法

在后面的例子中，我们可能会在更显式和简短的两种风格之间切换。

4.2 List 类，又名 GenericVector 类

GenericVector 等价于 List 类型。这是最一般的数据类型，它可以包含其他数据类型，就像 R 中 list() 能包含其他不同类型的对象一样。List 类型的对象可以包含不同长度的其他对象（如果不同长度的对象都是同一类型，这有时也被称为“不规则数组”）。此外，List 对象也可以包含其他 List 对象，这就允许我们任意嵌套数据结构了。

由于可以保存不同类型的对象，List 很适合用于 R 到 C++ 之间的参数交换。

4.2.1 从 R 中接受参数的 List

我们来看看下面这个从一般用途的优化扩展包 **RcppDE** (Eddelbuettel, 2012b)中摘取的例子。在这里我们将这个例子做了一定的简化，移除了一部分相似的参数类型，也移除了处理异常的一层代码。

```
RcppExport SEXP DEoptim(SEXP lowerS, SEXP upperS,
                        SEXP fnS, SEXP controlS, SEXP rhoS) {

  Rcpp::NumericVector f_lower(lowerS), f_upper(upperS);
  Rcpp::List          control(controlS);
  double VTR          = Rcpp::as<double>(control["VTR"]);
  int i_strategy      = Rcpp::as<int>(control["strategy"]);
  int i_itermax       = Rcpp::as<int>(control["itermax"]);
  int i_D             = Rcpp::as<int>(control["npar"]);
  int i_NP            = Rcpp::as<int>(control["NP"]);
  int i_storepopfrom  = Rcpp::as<int>(control["storepopfrom"])-1;
  int i_storepopfreq  = Rcpp::as<int>(control["storepopfreq"]);
```

```
13  int i_specinitialpop= Rcpp::as<int>(control["specinitialpop"]);
14  Rcpp::NumericMatrix initialpopm =
15          Rcpp::as<Rcpp::NumericMatrix>(control["initialpop"]);
16  double f_weight     = Rcpp::as<double>(control["F"]);
17  double f_cross      = Rcpp::as<double>(control["CR"]);
18  [...]
19 }
```

代码 4.4 将 List 类用于参数

这里，两个表示参数上界和下界的向量，直接从一个 SEXP 中初始化，这个和我们在前一章中一样。SEXP 变量 costrolS 被赋值给名为 control 的 Rcpp::List 变量。该对象包含了一组用户指定的用于控制优化的参数。

List 类型允许通过字符串“键”进行访问，就像我们在 R 中用 [["key"]] 操作符在列表中提取命名元素一样。在 C++ 中，我们从 R 的列表中得到的元素通常是 SEXP 类型的——我们可以用显式转换函数 as<>() 和一个模板类型来得到元素的值。

举例来说，第一个参数是一个浮点数，键为“VTR”，我们将其赋值给一个 double 变量。类似地，用于表示大小、维度、迭代次数等的计数变量被赋值给整型变量。但这个列表还包含了一个真正的数值矩阵，其键为“initialpop”。**RcppDE** 实现了微分优化（differential optimization），一种与遗传算法相关的进化算法，但特别适合于浮点数。这种优化算法作用在潜在解的种群上，名为“initialpop”的矩阵可以用一组潜在解的初始值来初始化该算法。最后，还有两个浮点数控制参数被赋值。

4.2.2 使用 List 返回参数给 R

我们用来自同一个扩展包 **RcppDE** 中的例子来说明如何在 C++ 中返回值。

```
1 return Rcpp::List::create(Rcpp::Named("bestmem")   = t_bestP,
2                           Rcpp::Named("bestval")   = t_bestC,
3                           Rcpp::Named("nfeval")    = l_nfeval,
4                           Rcpp::Named("iter")      = i_iter,
5                           Rcpp::Named("bestmemit") =
6                                              t(d_bestmemit),
```

```
7                          Rcpp::Named("bestvalit") = d_bestvalit,
8                          Rcpp::Named("pop")       = t(d_pop),
9                          Rcpp::Named("storepop")  = d_storepop);
```

代码 4.5 使用 List 返回对象到 R

由于我们并没有展示变量的声明，所以我们并不能马上得知这些变量的类型。但是 List 类型的强大之处在于，能接受所有可以转换成 SEXP 的类型。由于有了 **RcppArmadillo**，我们这里有 **Armadillo** 向量（t_bestP）和矩阵（d_bestmemit，d_pop），以及标准的长整型（_nfeval）、双精度（t_bestC）和整型（i_iter）标量。

Rcpp::List::create() 的使用相当符合我们的习惯。它使得我们可以很容易地创建一个列表，列表的大小在编译的时候由我们所提供的 name=value 对的数目决定。然而，正如我们在早先的例子中看到的，另一种方法是先创建一个有足够维度的列表（当然这也适用于向量）。这可以通过直接调用构造函数完成，如 Rcpp::List ll(4)，这里的列表预留了 4 个元素的空间。第二种可能的方法是调用成员函数 reserve() 来确定大小。预留了足够的空间之后，我们就可以用标准的方括号操作符 [] 进行赋值。当然，方括号操作符的赋值范围不能超出预留大小。

另一种插入方法由两个函数实现，其模仿了 STL 中的等价函数：push_back() 在末端插入一个元素，因此会令被插入的向量或者列表增加一个元素；push_front() 在前端插入一个元素，同样增加一个元素。需要注意的是这可能会改变向量。而且因为向量在内存中的实现是连续的，很多情况下会导致整个向量的全部复制。也就是说，push_back 和 push_front 会相当低效（由于 SEXP 类型的底层内存模型），一般只是为了方便而提供的。

4.3 DataFrame 类

数据框（data frame）是 R 中很重要的对象类型，被几乎所有的建模函数使用，所以很自然地，**Rcpp** 也支持这种类型。数据框在内部由列表表示。这使得数据框可以包含不同类型的数据。举例来说，数据框可以包含时间戳、实值测量值，同时包含作为因子的群组标识。不同的列总会被循环增补成相同的长度。举例来说，如果我们把一个长度为 4 的向量插入一个数据框中，然后插入一个长度为 2 的向量，后者会复制一次，变成同样长度为 4 的向量（这种循环增长只会在创建时进行整数次）。相同的长度是一个重要的特征，因为其他函数通常会假定数据框是矩形的。数据框的行通常表示观测值，而列通常表示变量。

我们早前已经在 2.5.2 节见过一个创建数据框的例子了，在那个例子中，我们使用了静态的 `create` 函数。我们在单元测试中选取了另外一个类似的示例：

```
R> src <- '
+    Rcpp::IntegerVector v =
+                   Rcpp::IntegerVector::create(7,8,9);
+    std::vector<std::string> s(3);
+    s[0] = "x";
+    s[1] = "y";
+    s[2] = "z";
+    return Rcpp::DataFrame::create(Rcpp::Named("a")=v,
+                                   Rcpp::Named("b")=s);
+ '
R> fun <- cxxfunction(signature(), src, plugin="Rcpp")
R> fun()
  a b
1 7 x
2 8 y
3 9 z
```

代码 4.6 使用 DataFrame 类

此外，除了不能有嵌套类型，同时要求所有列的长度相同之外，数据框类型可以看做一个特别的列表类型。列的长度相同这一要求在 R 中通过循环增补完成，而在 C++ 中，我们必须保证 `data.frame` 中每个部分都是同样长度的。

在 R 中，数据框能紧凑地将要返回的数据组织在一起，供将来使用，因此也成为很多建模函数的标准数据格式。

4.4 Function 类

4.4.1 示例一：使用用户提供的函数

当调用一个 R 函数时，不论是用户自定义的函数还是 R 本身的函数，我们都需要函数对象。参考下面这个简单的例子，其使用了 sort() 函数（作为从 R 中传入的参数），并将 sort() 函数作用在一个用户提供的向量上：

```
R> src <- '
+     Function sort(x) ;
+     return sort( y, Named("decreasing", true));
+ '
R> fun <- cxxfunction(signature(x="function",
+                               y="ANY"),
+                     src, plugin="Rcpp")
R> fun(sort, sample(1:5, 10, TRUE))
[1] 5 5 5 3 3 3 2 2 2 1
R> fun(sort, sample(LETTERS[1:5], 10, TRUE))
[1] "E" "E" "C" "B" "B" "B" "B" "B" "A" "A"
```

代码 4.7 将一个 Function 类作为参数传入

第二行中，有一个由对象 x 初始化而来的、名为 sort 的 C++ 变量，其类型是 function。名为 y 的对象被传入，但我们并没有用它来实例化一个对象。编译、载入这个函数之后，我们将 R 中的 sort() 函数作为第一个参数传入。其他适合的函数，比如 order()，也可以在这里使用。

另一点值得提出的就是，因为第二个参数没有被实例化，所以我们可以传入任何合适的类型。在上面这个例子中，我们传入了随机排列的整型向量和字符向量，函数都返回了按降序排列的结果。这之所以会生效是因为没有 **Rcpp** 对象被实例化，所以没有编码特定的类型（甚至没有通过静态类型强调）。因此没有类型匹配的检测，也就不会像 3.2.3 节中那样因为不匹配的类型而抛出异常。这个例子说明传入原始的 SEXP 类型也有其用处。

4.4.2 示例二：访问 R 函数

function 类也可以用来直接访问 R 函数。在下面的例子中，我们从自由度为 3 的 t 分布中生成 5 个随机数。因为我们在访问随机数生成器，所以要保证其处于合适的状态。RNGScope 类可以确保这一点，其通过类构造函数中调用 GetRNGState() 来初始化随机数生成器，并通过在析构函数中调用 PutRNGState() 保存初始状态 (R Development Core Team, 2012d, 6.3 节)。

```
1  R> src <- '
2  +     RNGScope scp;
3  +     Rcpp::Function rt("rt");
4  +     return rt(5, 3);
5  + '
6  R> fun <- cxxfunction(signature(),
7  +                      src, plugin="Rcpp")
8  R> set.seed(42)
9  R> fun()
10 [1] 2.339681 0.130995 -0.074028 -0.057701 -0.046482
11 R> fun()
12 [1] 9.16504 1.08153 0.87017 1.99557 -0.22438
```

代码 4.8 使用 Function 类来获取 R 中的函数

首先，我们用我们要访问的 R 函数名作为字符串实例化一个函数对象。如果这个函数不是全局可访问的，我们可能需要先访问其对应的命名空间。

关于随机数生成，很重要的一点是，在 R 中运行等价的命令，也就是先运行 set.seed(42)，之后运行 rt(10, 3)，这样从自由度为 3 的 t 分布中生成的 10 个随机数一直都是相同的。这是可重复性的关键，这也有助于我们调试代码。

4.5 Environment 类

environment 类使得我们可以访问环境变量，一种 R 程序员很熟悉的对象。环境变量在 *R Language* 手册 (R Development Core Team, 2012c) 中的 2.1.10 节中定义。其在变量检索中的角色和与命名空间的关系在 *R Internals* 手册 (R Development Core Team, 2012b) 1.2 节中有详细描述。

作为使用 environment 类的第一个示例，我们考虑如下例子，我们实例化 R 中 stats 的命名空间，从而可以使用 rnorm() 函数：

```
    Rcpp::Environment stats("package:stats");
    Rcpp::Function rnorm = stats["rnorm"];
    return rnorm(10, Rcpp::Named("sd", 100.0));
```

代码 4.9 通过 Environment 使用 Function 类

就像前一节展示的那样，我们也可以在 **Rcpp** 中用 Function 类来搜索标识符，而不需要上面这样的两步。

然而，创建和初始化环境变量，或者利用环境变量去获得当前 R 会话中的变量是非常有用的。第二个示例将会和 R 全局环境交互：

```
Rcpp::Environment global =
    Rcpp::Environment::global_env();
std::vector<double> vx = global["x"];

std::map<std::string,std::string> map;
map["foo"] = "oof";
map["bar"] = "rab";

global["y"] = map;
```

代码 4.10 在全局环境变量中进行赋值

这里是我们使用一个名为 global 的变量来创建一个全局变量的实例。其可以用于通过直接查找来获取 R 中名为 x 的变量。类似地，我们创建了一个大小为 2 的，string 到 string 的 map 结构，并将其赋值到全局环境变量中的 y 上。

4.6 S4 类

作为一门编程语言，R 在这几十年中一直在变化。向面向对象编程跨出的第一大步是为 R 引入了 S3 类和方法，这点可以参考“白皮书”(Chambers and Hastie, 1991)。作为 R 和其基于的 S 语言中所特有的，S3 方法有别于 C++ 或 Java 中的面向对象概念，其提供了一套现在仍然被支持和广泛使用的简单方法。其基本特征是方法调度，这通过“泛型函数”来实现。泛型函数根据数据类型来调用对应的函数。关于这种方法的介绍大家可以参考 Venables 和 Ripley 的书 (Venables and Ripley, 2000, Chapter 4)。

R 向面向对象编程迈出了更具雄心的一步，是在“绿皮书”(Chambers, 1998) 中引入 S4 类，Chambers 的新书 (Chambers, 2008, Chapter 9 and 10) 中提供了更新的处理方法。这些类被引入 R 中也有超过 10 年了，其对已有的 R 程序员可用的面向对象编程框架有显著的扩展。S4 类提供了丰富的结构，同时提供了更严格的规范性，虽然这牺牲了语言早期和一些 S3 特有的灵活性。然而，S4 提供了更多在大型编程任务可能需要的结构。

正如在 3.1 小节最后指出那样，**Rcpp** 可以使用 Rcpp::S4 类访问和修改 S4 对象，并且支持获得和修改 S4 对象槽的类型，同样提供了针对不同对象属性的检查，比如检查对象是不是一个 S4 对象。

代码 4.11 展示了如何检查一个 RObject 对象实际上是否为 S4 对象，如何检查一个槽是否存在和如何获得一个槽。

```
1 f1 <- cxxfunction(signature(x="any"), plugin="Rcpp", body='
2   RObject y(x) ;
3   List res(3) ;
4   res[0] = y.isS4();
5   res[1] = y.hasSlot("z");
6   res[2] = y.slot("z");
7   return res;
8 ')
```

代码 4.11 获取 S4 类元素的简单示例

类似地，代码 4.12 展示了如何在 C++ 层面创建一个 S4 对象：

```
1 f2 <- cxxfunction(signature(x="any"), plugin="Rcpp", body='
2   S4 foo(x);
3   foo.slot(".Data") = "foooo";
4   return foo;
5 ')
```

代码 4.12 获取 S4 类元素的简单示例

虽然提供了在 C++ 访问、修改和创建 S4 类的功能，但是在 R 层面上做这些事情更容易。所以，更常见的范式是，在 C++ 层面计算和创建对象核心的 C++ 部分，而在 R 层面将其补充完整。由于 R 函数也经常可以获取 **Rcpp** 中的功能，可以在 C++ 函数返回的基础上执行额外的 R 代码。

S4 类被广泛应用在大量 CRAN 的扩展包中。BioConductor 项目中也有大量的扩展包使用它。

4.7 ReferenceClasses

ReferenceClasses 在 R 的 2.12.0 版本出现，通过添加了和 C++ 和 Java 更类似的一些风格，从而将 R 中面向对象编程的范式补充完整。截至 2012 年底，关于 ReferenceClasses 的最好的文档可以通过在 R 中运行 help(ReferenceClasses) 获得；这个文档仍在变动中。

ReferenceClasses 类是通过 S4 方法和类实现的，所以至少在一些实现细节上，其与 S4 类是相关的。ReferenceClasses 也与 "Rcpp module"（我们会在第 7 章进行讨论）有关，后者将其作为一种展现使用。

ReferenceClasses 有两个关键点：(a) 其是可变的，这与 R 系统中标准的"写时复制（copy on write）[①]"不同；(b) 相关方法主要与对象有关而不是函数。

ReferenceClasses 的可变状态使其很适合用于需要跟踪"状态"的应用中。典型的例子是图形用户界面程序和服务器。随着可变状态而来的是传引用语义：（当一部分改变的时候）不是复制整个对象，而只是复制这个对象的引用。这更接近 C++ 和 Java 中对象的行为。类似地，方法与底层对象的联系也更接近 C++ 和 Java 中的面对对象设计哲学。

ReferenceClasses 还在变化当中，将会有更多重要的文档。因为 R 编程的这个领域还没有尘埃落定，所以 **Rcpp** 关于这方面的讨论也仅限于简要的概述。

[①] copy on write，有时写作 COW，是指在复制一个对象的时候并不是真正的把原先的对象复制到内存的另外一个位置上，而是在新对象的内存映射表中设置一个指针，指向源对象的位置，并把那块内存的 Copy-On-Write 位设置为 1；在对新的对象执行读操作的时候，内存数据不发生任何变动，直接执行读操作；而在对新的对象执行写操作时，将真正的对象复制到新的内存地址中，并修改新对象的内存映射表指向这个新的位置，并在新的内存位置上执行写操作。——译者注

4.8 R 数学库函数

R 在头文件 Rmath.h 中提供了大量数学和统计的函数。正如 R 文档 (R Development Core Team, 2012d, 6.16 节)所述，这些函数可以作为一个独立于 R 本身的库调用。当然，其也可以和 R API 一起用。

R 程序员也许也想在 C++ 代码中使用这些函数。**Rcpp** 通过第 8 章描述的 "Rcpp sugar"，将这些函数以向量化函数的形式提供。为了在双精度类型上使用，我们需要在这些函数前面加上 Rf_ 前缀。从 **Rcpp** 的 0.10.0 版开始，这些函数也可以通过 R 命名空间访问。尽管这些函数是通过功能有限的 C 语言 API 提供的，通过使用不同的命名空间，我们可以简洁地重用相同的标识符，而不必在前面加上如 Rf_ 之类的前缀。

下面这个例子说明了这些函数的用法。对给定的向量 X，计算对应正态分布的概率函数值。

```
#include <Rcpp.h>

extern "C" SEXP mypnorm(SEXP xx) {
    Rcpp::NumericVector x(xx);
    int n = x.size();
    Rcpp::NumericVector y1(n),y2(n),y3(n);

    for (int i=0; i<n; i++) {
        // 通过重映射过的 R 头文件获取函数
        y1[i] = ::Rf_pnorm5(x[i], 0.0, 1.0, 1, 0);
        // 或者通过 Rcpp 的命名空间 R 来获取同样的函数
        y2[i] = R::pnorm(x[i], 0.0, 1.0, 1, 0);
    }
    // 或者使用向量化的 Rcpp sugar
    y3 = Rcpp::pnorm(x);
    return Rcpp::DataFrame::create(Rcpp::Named("R")=y1,
                                   Rcpp::Named("Rf_")=y2,
                                   Rcpp::Named("sugar")=y3);
}
```

代码 4.13 Rmath.h 中函数使用示例

向量 x 被实例化，其大小已经确定，并且为三个返回的向量分配空间，每一个都会包含对应的 pnorm 值。第 13 行使用了新形式的 R::pnorm()。这与 R API 文档中描述的函数等价，但由另一个命名空间 R 提供。第 10 行展示了旧的用法：带着前缀 Rf_的全局标识符（如 :: 所示）。这是在 C 语言中没有命名空间机制，而创建类似命名空间分隔的有效手段。每次这两个函数都作用在一个 double 类型的变量上，我们需要用一个循环计算向量中所有元素。

而第 16 行可以看做是 “Rcpp sugar” 的预告，我们会在第 8 章详细讨论这点。这种做法实际上是向量化的，y3 中所有元素都通过一个（向量化的）操作符进行赋值，就像在 R 中一样，但又有 C++ 的速度。

R 命名空间包含了大量概率、密度和分位数函数，还有随机数函数，对应不同的分布：正态、均匀、伽马、贝塔、对数正态、卡方、F、t、二项、多元正态、柯西、指数、几何、超几何、负二项、泊松、韦布尔、非中心贝塔、非中心 F、非中心 t、Studentized Range（亦称 Tukey）、Wilcoxon Rank Sum、Wilcoxon Signed Rank，以及大量相关的函数。

Rcpp 头文件目录下的 Rmath.h 提供了全部细节。

第三部分

进阶话题

第 5 章　在扩展包中使用 Rcpp

章节摘要　本章概述了如何在开发 R 扩展包时使用 **Rcpp**。我们展示了使用函数 `Rcpp.package.skeleton()` 生成一个完整的使用 **Rcpp** 的扩展包的示例。函数 `Rcpp.package.skeleton()` 生成的所有文件都会被详细讨论。最后本章以简要讨论一个 CRAN 上已有的扩展包结束。

官方的 *Writing R Extension* 手册 (R Development Core Team, 2012d) 一直是进行一般性 R 扩展的权威资料，本章是对其的一个补充完善[①]。

5.1　简介

Rcpp 提供了一个 C++ 和 R 之间简单易用但功能丰富的接口来扩展 R 语言。**Rcpp** 本身也是作为 R 的一个扩展包发来布。然而，其和传统的 R 扩展包有些不同，其核心是一个 C++ 库及一系列定义了库接口的头文件。其他想要使用 **Rcpp** 的扩展包必须链接到 **Rcpp** 提供的库上。如前面所提到的示例中，我们依赖于 **inline** 扩展包来解决对 **Rcpp** 的依赖细节。

需要指出的一点是，R 对扩展包之间的 C 和 C++ 层面的依赖只有很有限的支持 (R Development Core Team, 2012d)。扩展包中 `DESCRIPTION` 文件里的 `LinkingTo` 声明允许其他扩展包来获取目标扩展包（这里是 **Rcpp**）的头文件，但 R 并不支持对库的链接（函数外的注册设置只适合那些只使用 C 语言并只有少数注册接口函数的扩展包），这需要手动添加。

`Rcpp.package.skeleton()` 函数展示了在一个扩展包中使用 **Rcpp** 的推荐方式，本章的讨论都围绕这个方式展开。我们使用一个供 R 调用的很简单的 C++ 函数来展示这一点。这里强烈推荐大家阅读 *Writing R Extension* 手册 (R Development Core Team, 2012d) 中的材料。涉及 R 扩展包制作流程的

---

① 由于 **Rcpp** 的更新，本章节中的内容和最新版的 **Rcpp** 略有差别，请参考译者注。——译者注

其他文档 (Leisch, 2008) 也是很有用的资料。R 扩展包的制作是很标准化并遵循了一个很有逻辑的模式，但却没有很好的文档说明，使得初学者会经历很多挫折。当需要在扩展包中添加使用 **Rcpp** 所需的信息时，对制作 R 扩展包的基础理解就非常有帮助。

后面几个小节中提供的示例对这个过程做了完整展示，也可以留作参考示例使用。

5.2 使用 Rcpp.package.skeleton

5.2.1 概述

模仿 R 中的函数 package.skeleton，**Rcpp** 提供了一个函数 Rcpp.package.skeleton，用于生成一个使用 **Rcpp** 的扩展包框架。这个框架是一个最小的扩展包示例，用于提供工作示例，可以根据用户需要进行更新和扩展。

Rcpp.package.skeleton 在其帮助页面提供了其参数的文档（和 package.skeleton 近似）。最主要的参数是第一个，用于提供用户想通过调用这个函数来创建的扩展包的名字。下面提供了使用 mypackage 作为参数的调用示例。

```
R> Rcpp.package.skeleton( "mypackage" )
Creating directories ...
Creating DESCRIPTION ...
Creating NAMESPACE ...
Creating Read-and-delete-me ...
Saving functions and data ...
Making help files ...
Done.
Further steps are described in './mypackage/Read-and-delete-me'.
Adding Rcpp settings
>> added Depends: Rcpp
>> added LinkingTo: Rcpp
>> added useDynLib directive to NAMESPACE
>> added Makevars file with Rcpp settings
>> added Makevars.win file with Rcpp settings
```

```
>> added example header file using Rcpp classes
>> added example src file using Rcpp classes
>> added example R file calling the C++ example
>> added Rd file for rcpp_hello_world
R>
```

代码 5.1 使用 Rcpp.package.skeleton 的第一个示例

我们可以使用（Linux）命令 `ls -1R` 来递归地列出生成的文件夹和文件结构：

```
R> system("ls -1R mypackage")
mypackage:
DESCRIPTION
man
NAMESPACE
R
Read-and-delete-me
src

mypackage/man:
mypackage-package.Rd
rcpp_hello_world.Rd

mypackage/R:
rcpp_hello_world.R

mypackage/src:
Makevars
Makevars.win
rcpp_hello_world.cpp
rcpp_hello_world.h
```

代码 5.2 Rcpp.package.skeleton 所生成的文件

使用 `Rcpp.package.skeleton()` 函数至今仍是最简单的方法，其扮演了两个角色：首先，它生成了一个扩展包所需的所有文件；其次，它同时包括了使用 **Rcpp** 所需的不同组成部分，这点我们会在后面的几个小节讨论。

5.2.2 R 代码

生成的框架包含了一个示例的 R 函数 `rcpp_hello_world()`,其使用`.Call`接口来调用 **mypackage** 中的 C++ 函数 `rcpp_hello_world()`。

```
1 rcpp_hello_world <- function() {
2     .Call('mypackage_rcpp_hello_world', PACKAGE = 'mypackage')
3 }
```

代码 5.3 R 函数 `rcpp_hello_world`

Rcpp 使用`.Call`进行调用，从而运行在 R 和 C++ 之间进行真正的 R 对象交换。正如前面章节所讨论的，对象被编码为 `SEXP` 类型的 R 对象可以使用 **Rcpp** API 方便地进行操作。

需要注意的是，在这个示例里没有从 R 到 C++ 传递任何参数。这样做是很简单明了的（这也是 **Rcpp** 最核心的特点之一），但这对我们就扩展包制作开发的讨论并不特别重要，所以在这里就省略掉了。

5.2.3 C++ 代码

C++ 函数在头文件 `rcpp_hello_world.h`[②]中声明：

```
1 #ifndef _mypackage_RCPP_HELLO_WORLD_H
2 #define _mypackage_RCPP_HELLO_WORLD_H
3 
4 #include <Rcpp.h>
5 /*
6  * note: RcppExport is an alias to 'extern "C"' defined by Rcpp.
7  *
8  * It gives C calling convention to the rcpp_hello_world
9  * function so that it can be called from .Call in R.
10  * Otherwise, the C++ compiler mangles the
```

②最新版 **Rcpp** 对这一部分进行了简化，这里提到的 `rcpp_hello_world.h` 头文件会被 RcppExports.cpp 代替，并由 `compileAttributes` 自动生成。——译者注

```
 * name of the function and .Call can't find it.
 *
 * It is only useful to use RcppExport when the function
 * is intended to be called by .Call. See the thread
 * http://thread.gmane.org/gmane.comp.lang.r.rcpp/649/focus=672
 * on Rcpp-devel for a misuse of RcppExport
 */
RcppExport SEXP rcpp_hello_world();

#endif
```

代码 5.4 C++ 头文件 rcpp_hello_world.h

这个头文件包含了头文件 Rcpp.h，这是为了使用 **Rcpp** 所需要包含的唯一文件。函数本身在文件 rcpp_hello_world.cpp 中实现。

```
#include "rcpp_hello_world.h"
SEXP rcpp_hello_world(){
  using namespace Rcpp ;
  CharacterVector x = CharacterVector::create( "foo", "bar");
  NumericVector y   = NumericVector::create( 0.0, 1.0 );
  List z            = List::create( x, y );
  return z ;
}
```

代码 5.5 C++ 源文件 rcpp_hello_world.cpp

这个函数使用 **Rcpp** 中的类生成了一个 R 列表，其中包含一个 character 向量和一个 numeric 向量。因此，在 R 层面，我们会接收到一个长度为 2 的列表，包含这两个向量。

```
R> rcpp_hello_world( )
[[1]]
[1] "foo" "bar"
[[2]]
[1] 0 1
```

```
6 R>
```

代码 5.6 调用 R 函数 rcpp_hello_world

5.2.4 DESCRIPTION

这个框架生成了一个合适的 DESCRIPTION 文件，包含了用于使用 **Rcpp** 的 Depends:[③]和 LinkingTo:

```
Package: mypackage
Type: Package
Title: What the package does (short line)
Version: 1.0
Date: 2012-11-10
Author: Who wrote it
Maintainer: Who to complain to <yourfault@somewhere.net>
Description: More about what it does (maybe more than one line)
License: What Licence is it under ?
LazyLoad: yes
Depends: Rcpp (>= 0.9.13)
LinkingTo: Rcpp
```

代码 5.7 扩展包框架中的 DESCRIPTION 文件

Rcpp.package.skeleton 在 package.skeleton 生成的 DESCRIPTION 文件上添加了最后那三行。Depends: 声明表示了该扩展包和 **Rcpp** 在 R 层面的依赖关系；后者的代码被导入这里所描述的扩展包中。LinkingTo 声明表示了该扩展包需要使用 **Rcpp** 所提供的头文件。

5.2.5 Makevars 和 Makevars.win

很不幸的是，LinkingTo 声明并不像其名字那样，其本身不足以链接到 **Rcpp** 的 C++ 库。除非在 R 中添加更显式的对库的支持，否则就需要手动在 Makevars 和 Makevars.win 文件中的 PKG_LIBS 变量里添加 **Rcpp** 库。**Rcpp** 提供了不被导出的 Rcpp:::LdFlags() 函数来简化这一过程[④]:

[③]0.11.0 版起改为 Imports:。——译者注

[④]0.11.0 版起，Makevars 和 Makevars.win 为可选内容。——译者注

```
## Use the R_HOME indirection to support
#installations of multiple R version
PKG_LIBS = `$(R_HOME)/bin/Rscript -e "Rcpp:::LdFlags()"`
## As an alternative, one can also add this code in a
## file 'configure'
##
##    PKG_LIBS=`${R_HOME}/bin/Rscript -e "Rcpp:::LdFlags()"`
##
##    sed -e "s|@PKG_LIBS@|${PKG_LIBS}|" \
##        src/Makevars.in > src/Makevars
##
## which together with the following file 'src/Makevars.in'
##
##    PKG_LIBS = @PKG_LIBS@
##
## can be used to create src/Makevars dynamically. This
## scheme is more powerful and can be expanded to also
## check for and link with other libraries. It should
## be complemented by a file 'cleanup'
##
##    rm src/Makevars
##
## which removes the autogenerated file src/Makevars.
##
## Of course, autoconf can also be used to write
## configure files. This is done by a number of
## packages, but recommended only for more advanced
## users comfortable with autoconf and its related tools.
```

代码 5.8 扩展包框架中的 Makevars 文件

Makevars.win 的内容是等价的，不过用于 Windows 系统。这里使用了一个额外的变量来调用不同架构下的 Rscript，从而为 32 位和 64 位的 Windows 生成正确的参数。

```
## Use the R_HOME indirection to support
## installations of multiple R version
PKG_LIBS = $(shell
   "${R_HOME}/bin${R_ARCH_BIN}/Rscript.exe"
   -e "Rcpp:::LdFlags()")
```

代码 5.9 扩展包框架中的 Makevars.win 文件

5.2.6 NAMESPACE

Rcpp.package.skeleton() 函数也会生成一个 NAMESPACE 文件[5]。

```
useDynLib(mypackage)
exportPattern("^[[:alpha:]]+")
```

代码 5.10 NAMESPACE 文件

这个文件有两个用途。首先，其确保由 Rcpp.package.skeleton() 生成的动态链接库会被载入从而能被新生成的 R 扩展包使用。其次，其声明了在这个扩展包的命名空间中全局可见的函数或数据集。默认情况下，我们通过正则表达式将所有以字母开头的函数全部导出。

5.2.7 帮助文件

所生成的 man 文件夹中包含两个帮助文件。一个用于扩展包本身，另一个用于提供和导出的（单一）R 函数。编写帮助文档是开发一个扩展包中十分重要的一步。*Writing R Extensions* 手册 (R Development Core Team, 2012d)提供了制作适合于帮助文件内容的详细文档。

5.2.7.1 mypackage-package.Rd

帮助文件 mypackage-package.Rd 用于描述新的扩展包。

```
\name{mypackage-package}
\alias{mypackage-package}
\alias{mypackage}
```

[5] 0.11.0 版本起添加 importFromRcpp，evalCpp。——译者注

```
4  \docType{package}
5  \title{
6    What the package does (short line)
7  }
8  \description{
9    More about what it does (maybe more than one line)
10   ~~ A concise (1-5 lines) description of the package ~~
11 }
12 \details{
13   \tabular{ll}{
14     Package: \tab mypackage\cr
15     Type: \tab Package\cr
16     Version: \tab 1.0\cr
17     Date: \tab 2013-09-17\cr
18     License: \tab What license is it under?\cr
19     LazyLoad: \tab yes\cr
20   }
21   ~~ An overview of how to use the package, including the most
       important functions ~~
22 }
23 \author{
24   Who wrote it
25   Maintainer: Who to complain to <yourfault@somewhere.net>
26 }
27 \references{
28   ~~ Literature or other references for background information ~~
29 }
30 ~~ Optionally other standard keywords, one per line, from file
       KEYWORDS in the R documentation directory ~~
31 \keyword{ package }
32 \seealso{
33   ~~ Optional links to other man pages, e.g. ~~
34   ~~ \texttt{\link[<pkg>:<pkg>-package]{<pkg>}} ~~
35 }
```

```
36 \examples{
37   %% ~~ simple examples of the most important functions ~~
38 }
```

代码 5.11 用于扩展包框架的 mypackage-package.Rd 帮助文档

5.2.7.2 rcpp_hello_world.Rd

帮助文件 rcpp_hello_world.Rd 作为示例 R 函数的帮助文档使用。

```
1  \name{rcpp_hello_world}
2  \alias{rcpp_hello_world}
3  \docType{package}
4  \title{
5    Simple function using Rcpp
6  }
7  \description{
8    Simple function using Rcpp
9  }
10 \usage{
11   rcpp_hello_world()
12 }
13 \examples{
14   \dontrun{
15     rcpp_hello_world()
16   }
17 }
```

代码 5.12 用于扩展包框架的 rcpp_hello_world.Rd 帮助文档

5.3 案例学习：wordcloud 扩展包

使用 **Rcpp** 最简单的方法可能就是 **wordcloud** (Fellows, 2012) 这个有趣的扩展包了。

wordcloud 扩展包由一个主函数用于生成词云（word cloud），这是一种常用的展现文本中词汇频率的方式。这个扩展包最初通过 R 语言实现这个功能。然而，对于完成在一个二维的水平面上迭代寻找合适的摆放位置，从而使其相互靠近却不重叠这一过程，R 的性能却十分有限。判断箱型之间是否有重叠的关键在于，在赋值给各个箱型的可能很大的一个关键字列表上执行循环，这部分用一个简短的 C++ 函数进行了重新实现，如代码 5.13 所示。

```
#include "Rcpp.h"

/*
 * Detect if a box at position (x11,y11), with width sw11
 * and height sh11 overlaps with any of the boxes in boxes1
 */
using namespace Rcpp;

RcppExport SEXP is_overlap(SEXP x11,SEXP y11,SEXP sw11,
                           SEXP sh11,SEXP boxes1){
    double x1 = as<double>(x11);
    double y1 = as<double>(y11);
    double sw1 = as<double>(sw11);
    double sh1 = as<double>(sh11);
    Rcpp::List boxes(boxes1);
    Rcpp::NumericVector bnds;
    double x2, y2, sw2, sh2;
    bool overlap= true;
    for (int i=0;i < boxes.size();i++) {
        bnds = boxes(i);
        x2 = bnds(0);
        y2 = bnds(1);
        sw2 = bnds(2);
        sh2 = bnds(3);
        if (x1 < x2)
            overlap = (x1 + sw1) > x2;
        else
```

```
28              overlap = (x2 + sw2) > x1;
29
30          if (y1 < y2)
31              overlap = (overlap && ((y1 + sh1) > y2));
32          else
33              overlap = (overlap && ((y2 + sh2) > y1));
34          if(overlap)
35              return Rcpp::wrap(true);
36      }
37
38      return Rcpp::wrap(false);
39  }
```

代码 5.13 **wordcloud** 扩展包中的 `is_overlap` 函数

这个扩展包不需要其他的外部依赖，只需要之前讨论过的由 `Rcpp.package.skeleton()` 生成的文件。

5.4 进一步的示例

CRAN 网站上现有超过 100 个扩展包使用 **Rcpp**，这为用户提供了大量供研究的工作示例，和前面讨论过的 **wordcloud** 一样。

CRAN 上使用 **Rcpp** 的一些扩展包

- **RcppArmadillo** (Eddelbuettel et al., 2012);
- **RcppEigen** (Bates et al., 2012);
- **RcppBDT** (Eddelbuettel and François, 2012b);
- **RcppGSL** (Eddelbuettel and François, 2010)

这几个扩展包不止遵循了本章里所讨论的方法，并且还会在后续的章节里详细讨论。

连同 CRAN 上的其他扩展包，这些都可以作为如何从 C++ 获取数据的示例，也可以看做使用 **Rcpp** 的模板[⑥]。使用 **Rcpp** 扩展包的完整列表可以在 CRAN 的网站上找到。

⑥ 译者注：**RcppArmadillo** 和 **minqa** 使用了 **Rcpp** 最新版中的新特性，其他扩展包使用了较旧（但仍被支持）的方法。他们可以作为如何从 C++ 获取数据的示例，但不应该作为使用 **Rcpp** 的模板。

第 6 章　扩展 Rcpp

章节摘要　本章概述了如何使用自己的类库来扩展 **Rcpp** 中的各个步骤。**RcppArmadillo**、**RcppEigen** 和 **RcppGSL** 分别为如何使用 **Aramdillo** 和 **Eigen** C++ 库以及 GNU Scientific Library 来扩展 **Rcpp** 提供了工作示例。

本章的最后展示了 **RcppBDT** 扩展包是如何通过扩展 **Rcpp** 来链接 R 中和 **Boost Date_Time** 库中的数据类型。

6.1　简介

正如前面的章节所讨论的，**Rcpp** 通过模板函数 `Rcpp::as<>()` 和 `Rcpp::wrap()` 来实现 R 和 C++ 之间的数据交换。其中 `Rcpp::as<>()` 用于将对象从 R 转换到 C++，而 `Rcpp::wrap()` 用于从 C++ 到 R 的转换。在这个过程中，函数将数据从所谓的 "S 表达式指针"（R API 中的 `SEXP` 类型）转换到一个对应的 C++ 模板类型，反之亦然。`Rcpp::as<>()` 和 `Rcpp::wrap()` 对应的函数声明如下所示：

```
// 从 R 到 C++ 的转换
template <typename T> T as(SEXP m_sexp);
// 从 C++ 到 R 的转换
template <typename T> SEXP wrap(const T& object);
```

代码 6.1　as 和 wrap 声明

这些转换函数也经常如下所示地隐式使用：

```
code <- '
  // 我们从 R 中得到一个列表
  List input(inputS);
  // 通过隐式调用 Rcpp::as
  // 从 R 列表中得到一个 std::vector<double>
  std::vector<double> x = input["x"] ;
  // 通过隐式调用 Rcpp::wrap ， 返回一个 R 列表
  return List::create(_["front"] = x.front(),
                      _["back"] = x.back());
'
fx <- cxxfunction(signature(inputS = "list"),
                  body=code, plugin = "Rcpp")
input <- list( x = seq(1, 10, by = 0.5) )
fx( input )
```

代码 6.2 隐式使用 as 和 wrap

在这个示例里，R 生成了一个列表对象（包含一个定义为 1 到 10 的向量 x）并被传递给 C++ 代码，从而实例化一个 Rcpp::List 对象。一个名为 x 的元素被提取出来并赋值给一个 C++ 向量对象。我们同时生成了一个含有两个元素的列表作为返回值。两个元素分别被命名为“front”和“back”，用于表示第一个和最后一个元素，正如 STL 中用于获取对应元素的函数。

这个示例展示了如何使用 Rcpp::as 和 Rcpp::wrap 来转换标准的 R 和 C++ 类型。这两个转换函数被设计成可以通过扩展来支持用户自定义类型和第三方类型。后面的章节会讨论如何在用户提供的类型上使用 Rcpp::wrap 和 Rcpp::as。

6.2 扩展 Rcpp::wrap

对 Rcpp::wrap 转换函数进行扩展的方式可以分为两大类：一个更具侵入式的方法（对定义了 wrap 可知的类的头文件进行修改），或者两种非侵入式方法，而不需要修改被封装的类。后面我们会讨论这三种方法。

6.2.1 侵入式扩展

当用自己的数据类型对 **Rcpp** 进行扩展时，推荐的方式是实现一个到 SEXP 的转换。这可以让 Rcpp::wrap 了解新的数据类型。模板元编程（或简称 TMP）可以识别一个类型被转换为一个 SEXP，而 Rcpp::wrap 会使用这个转换。

这里需要注意的是这个类型必须在主头文件 Rcpp.h 被引入前定义。

```
#include <RcppCommon.h>
class Foo {
    public:
        Foo();
        // 这个操作符使得我们可以隐式使用 Rcpp::wrap
        operator SEXP();
}
#include <Rcpp.h>
```

代码 6.3 wrap 的侵入式扩展

这种方式被叫做“侵入式”是因为转换为 SEXP 的操作符必须在我们想要使用 **Rcpp** 的类里进行声明。这意味着我们需要在类声明前添加头文件 RcppCommon.h：这使得在我们的类 foo 中 SEXP 是已知的。通过添加头文件 Rcpp.h，我们确保了 **Rcpp** 知道由 SEXP 到 foo 的转换。当然，operator SEXP() 的实际代码也需要在对应的源文件中提供。

6.2.2 非侵入式扩展

我们经常需要为开发者无法控制的第三方类型提供自动转换。有很多原因让我们无法像前一个小节中那样在类型定义中引入一个到 SEXP 的转换操作符，比如缺少对源代码的控制，或者无法获取源代码，甚至是设计和政治原因不能修改已有的代码或类库。

为了提供一个从 C++ 到 R 的自动转换，我们必须在引入 RcppCommon.h 和 Rcpp.h 时直接声明一个特殊的 Rcpp::wrap 模板。

需要注意的是，只有声明是必须的。其实现可以在 Rcpp.h 被引入之后，从而可以充分利用 **Rcpp** 的类型系统。

```
#include <RcppCommon.h>
// 声明 Bar 类的第三方库
#include <foobar.h>
// 声明特化
namespace Rcpp {
    template <> SEXP wrap( const Bar& );
}
// 这必须在特化之后，否则特化会不被 Rcpp 类型所见
#include <Rcpp.h>
```

代码 6.4 wrap 的非侵入式扩展

6.2.3 模板与局部特化

使用模板化的 typename T 声明一个局部特化的 Rcpp::wrap 模板和模板化地使用我们的类，都是完全没问题的。编译器会识别合适的重载。

```
#include <RcppCommon.h>
// 声明了模板 class Bling<T> 的第三方库
#include <foobar.h>
// 声明局部特化
namespace Rcpp {
    namespace traits {
        template <typename T> SEXP wrap( const Bling<T>& );
    }
}
// 这必须在特化之后，否则特化会不被 Rcpp 类型所见
#include <Rcpp.h>
```

代码 6.5 wrap 的局部特化

6.3 扩展 Rcpp::as

使用 as<>() 从 R 到 C++ 的转换也可以通过侵入式和非侵入式两种方式进行扩展。

6.3.1 侵入式扩展

作为其模板元编程调度逻辑的一部分，Rcpp::as 会尝试使用目标类的构造函数接受一个 SEXP。

```
#include <RcppCommon.h>
class Foo{
    public:
        Foo() ;
        // 这个操作符使得我们可以隐式使用 Rcpp::as
        Foo(SEXP) ;
}
#include <Rcpp.h>
```

代码 6.6 as 的侵入式扩展

通过这个侵入式途径，构造函数就可以在定义类 Foo 的源文件里进行实现了。

6.3.2 非侵入式扩展

我们也可以充分地特化 Rcpp::as 来实现非侵入式的隐式转换。

```
#include <RcppCommon.h>
// 声明了 Bar 类的第三方库
#include <foobar.h>
// 声明特化
namespace Rcpp {
    template <> Bar as( SEXP ) throw(not_compatible);
}
// 这必须在特化之后，否则特化会不被 Rcpp 类型所见
#include <Rcpp.h>
```

代码 6.7 as 的非侵入式扩展

6.3.3 模板与局部特化

Rcpp::as 的签名并不允许局部特化。所以将一个模板化的类暴露给 Rcpp::as

时，程序员必须特化模板类 Rcpp::traits::Exporter。TMP 调度会识别特化的 Exporter 存在，从而实现到这个类的转换。**Rcpp** 如下定义 Rcpp::traits::Exporter 模板：

```
namespace Rcpp {
    namespace traits {
        template <typename T> class Exporter{
        public:
            Exporter( SEXP x ) : t(x){}
            inline T get(){ return t; }
        private:
            T t;
        };
    }
}
```

代码 6.8 通过 Exporter 的局部特化

这就是为什么 Rcpp::as 的默认行为是调用类型 T 的构造函数来接受一个 SEXP。既然允许类模板的局部特化，我们可以导出一系列函数如下：

```
#include <RcppCommon.h>
// 第三方库声明了类模板 Bling<T>
#include <foobar.h>
// 声明局部特化
namespace Rcpp {
    namespace traits {
        template <typename T> class Exporter< Bling<T> >;
    }
}
// 这必须在特化之后，否则特化会不被 Rcpp 类型所见
#include <Rcpp.h>
```

代码 6.9 通过 Exporter 对 as 进行局部特化

使用这个方法，对 Exporter< Bling<T> > 类的要求有两个。其必须有

- 一个接受 SEXP 类型的构造函数。

- 一个名为 get 的方法用于返回 Bling<T> 类型的一个实例。

6.4 案例学习：RcppBDT 扩展包

RcppBDT 扩展包 (Eddelbuettel and François, 2012b) 为 **Boost C++** 库中一些 **Date_Time** 类提供了接口。

为了实现这个功能，其包含了用于在 R 和 C++ 之间进行转换的 Rcpp::as() 和 Rcpp::wrap() 实现。这个小节里讨论的案例非常简单明了，包含了内部表示为（无符号）整数的实际日期类型的转换。

然而，这个扩展包展示了其中的一般原则，接受一个 SEXP 类型，通过模板函数 as<>() 转换为需要封装的库中的新类型，同时通过 wrap() 函数返回一个从新类型转换而来的 SEXP。

下面这个特化包括了声明在内的实际代码。

```
namespace Rcpp {
    template <> boost::gregorian::date as( SEXP dtsexp ) {
        Rcpp::Date dt(dtsexp);
        return boost::gregorian::date(dt.getYear(),
                                      dt.getMonth(),
                                      dt.getDay());
    }
    template <> SEXP wrap(const boost::gregorian::date &d) {
        boost::gregorian::date::ymd_type ymd =
            d.year_month_day(); // convert to y/m/d struct
        return Rcpp::wrap(Rcpp::Date( ymd.year,
                                      ymd.month,
                                      ymd.day ));
    }
}
```

代码 6.10 RcppBDT 中的 as 和 wrap 定义

在 as 的示例中，SEXP 首先被转换为一个 Rcpp::Date 类型。之后使用其日期、月份、年份的访问符实例化了一个 Boost Gregorian 日期类型。这里的 wrap 函数很简单地进行了相反的操作，并使用 Boost Gregorian 日期类型的年份、月份和日期访问符来使用 Rcpp::Date 类的一个构造函数。

这两个转换函数之后可以用于在 R 和 **Boost Date_Time** 之间进行值的传递。

我们使用这个函数的实现作为一个示例。

```
Rcpp::Date Date_firstDayOfWeekAfter(boost::gregorian::date *d,
    int weekday, SEXP date) {
    boost::gregorian::first_day_of_the_week_after fdaf(weekday);
    boost::gregorian::date dt =
        Rcpp::as<boost::gregorian::date>(date);
    return Rcpp::wrap(fdaf.get_date(dt));
}
```

代码 6.11 RcppBDT 中的 as 和 wrap 使用

正如会在第 7 章里详细讨论的那样，这个函数的第一个参数使用了一个所谓的“Rcpp Module”，其必须是一个指向被转换对象的指针，这里是命名空间 boost::gregorian 中的 date 类。后两个参数分别是星期几（编码成一个整数，或者使用在扩展包里定义的常量 Mon，Tue，⋯，Sun）和用于表示下一个匹配的星期几的日期。

这个函数首先使用 **Boost** 功能实例化了一个 first_day_of_the_week_after 对象。之后，Rcpp::as() 转换函数用于将从 R 中作为一个 SEXP 变量获得的日期转换为一个 date 变量，这里是 dt，用于 **Boost**。最后，由给定日期 dt 计算得到的“first day of the week after”结果，返回一个 date 对象。Rcpp::wrap() 用于对其进行转换，将其转换为一个 SEXP 类型，从而可以隐式转换为 Rcpp::Date。

这个函数可以通过一个很简单的例子展示，这里我们计算 2020 年新年之后第一个星期一的日期：

```
R> getFirstDayOfWeekAfter(Mon, as.Date("2020-01-01"))
[1] "2020-01-06"
R>
```

代码 6.12 RcppBDT 中 getFirstDayOfWeekAfter 示例

下一章我们会详细讨论 Rcpp Module。

6.5 进一步的示例

扩展包 **RcppArmadillo** (Eddelbuettel et al., 2012)、**RcppEigen** (Bates et al., 2012)和 **RcppGSL** (Eddelbuettel and François, 2010)为向量和矩阵类提供了很好的示例。

第 7 章 Modules

章节摘要 本章讨论了 Rcpp modules，它允许程序员相对容易地将 C++ 函数和类导出到 R 中。Rcpp modules 受到了 **Boost.Python** 库的启发，后者在 Python 和 C++ 整合方面提供了类似的特性。不但如此，Rcpp modules 同时还提供了直接在 R 端将 C++ 类导出到 R 中的方法。本章详细讨论了 Rcpp modules，最后以 **RcppCNPy** 扩展包中的一个应用案例结尾。

7.1 动机

将 C++ 函数导出到 R 很大程度上是通过 **Rcpp** 扩展包及其底层的 C++ 库实现的。**Rcpp** 在传统的 R API 上添加了一系列 C++ 库，从而使得 R 和 C++ 的整合变得容易。传统的 R API 在 *Writing R Extension* 手册 (R Development Core Team, 2012d) 里有详细描述，而基于 **Rcpp** 的方法是前面几个章节的重点。

Rcpp 机制为希望整合 R 和 C++ 的程序员提供了很多帮助。与此同时，他们也被限制在一个函数对函数的基础上。程序员需要使用 **Rcpp** API 中的类实现一个和`.Call()` 兼容的函数（和 R API 相符），下一小节我们会简单回顾一下。

7.1.1 使用 Rcpp 导出函数

通过 **Rcpp** 将已有的 C++ 函数导出到 R 一般有几个步骤。一个方法是写一个额外的转换函数，其用于将输入对象转换成合适的类型，调用实际的工作函数，并将结果转换回唯一能通过`.Call()` 接口返回给 R 的类型：`SEXP`。

作为一个具体的示例，我们考虑下面的 `norm` 函数：

```
double norm( double x, double y ) {
    return sqrt(x*x + y*y);
}
```

代码 7.1 C++ 中一个简单的 norm 函数

这个简单的函数并没有满足被.Call 接口导入的要求，所以它不能直接被 R 调用。导出函数需要写一个简单的转换函数来匹配.Call 接口。**Rcpp** 使这个过程非常简单。

```
using namespace Rcpp;
RcppExport SEXP norm_wrapper(SEXP x_, SEXP y_) {
    // 步骤 0 : 将输入转换到 C++ 类型
    double x = as<double>(x_), y = as<double>(y_);
    // 步骤 1 : 调用底层的 C++ 函数
    double res = norm(x, y);
    // 步骤 2 : 将结果作为一个 SEXP 返回
    return wrap(res);
}
```

代码 7.2 调用 norm 函数

我们使用了一个模板化的 **Rcpp** 转换器 as()，其可以从 SEXP 转换为不同的 C++ 和 **Rcpp** 类型；这里我们使用它来给两个 double 类型的标量赋值。**Rcpp** 中的 wrap() 提供了相反的功能，其可以将很多已知的类型转换为一个 SEXP；这里我们使用它来返回 double 类型的标量结果。

这个过程足够简单，被 CRAN 上很多扩展包所广泛采用。然而，这需要程序员的直接参与，在涉及函数很多的情况下会变成一个纯粹的体力活。Rcpp modules 提供了一个更加优雅和非侵入式的方式来将 C++ 函数导出到 R 中使用，比如上面提到的 norm。

7.1.2 使用 Rcpp 导出类

将 C++ 的类或结构体导出是件更有挑战的事情，因为这需要给导出的每一个成员函数都要写转换代码。

考虑下面这个简单的 Uniform 类：

```
class Uniform {
public:
    Uniform(double min_, double max_) :
        min(min_), max(max_) {}
    NumericVector draw(int n) {
        RNGScope scope;
        return runif( n, min, max );
    }
private:
    double min, max;
};
```

代码 7.3 一个简单的 Uniform 类

这个类允许我们生成一系列均匀分布的随机数，它使用了两个内部状态变量来存储随机数生成的上限和下限。

为了在 R 中使用这个类，我们至少需要将构造函数和 draw 函数导出。外部指针 (R Development Core Team, 2012d)是一个合适的机制，我们可以使用 Rcpp::XPtr 模板来导出这个类及其两个函数：

```
using namespace Rcpp;
//  生成一个指向 Uniform 对象的外部指针
RcppExport SEXP Uniform__new(SEXP min_, SEXP max_) {
    // 将输入转换为合适的 C++ 类型
    double min = as<double>(min_), max = as<double>(max_);
    // 生成一个指向 Uniform 对象的指针，将其封装为一个外部指针
    Rcpp::XPtr<Uniform> ptr( new Uniform( min, max ), true );
    // 将外部指针返回到 R
    return ptr;
}
//  调用 draw 方法
RcppExport SEXP Uniform__draw( SEXP xp, SEXP n_ ) {
    // 通过指向 Uniform 的一个 XPtr (smart pointer) 获取对象
    Rcpp::XPtr<Uniform> ptr(xp);
    // 将参数转换为整型
```

```
16      int n = as<int>(n_);
17      // 调用函数
18      NumericVector res = ptr->draw( n );
19      // 将结果返回到 R
20      return res;
21  }
```

代码 7.4 导出 Uniform 类中的两个成员函数

然而，一般认为这些直接导出外部指针不是个好主意。我们更倾向于将其封装为一个对应的 S4 类型中的数据槽（slot）。

```
1  R> setClass("Uniform", representation(pointer = "externalptr"))
2  [1] "Uniform"
3  R> # 辅助函数
4  R> Uniform_method <- function(name) {
5  +       paste( "Uniform", name, sep = "__" )
6  +}
7  R> # 允许使用 object$method( ... ) 的语法糖
8  R> setMethod( "$", "Uniform", function(x, name ) {
9  +     function(...) .Call(Uniform_method(name),
10 +                            x@pointer, ... )
11 +})
12 R> # 允许使用 new( "Uniform", ... ) 的语法糖
13 R> setMethod("initialize", "Uniform", function(.Object, ...) {
14 +      .Object@pointer <-
15 +               .Call(Uniform_method("new"), ... )
16 +      .Object
17 + } )
18 [1] "initialize"
19 R> u <- new( "Uniform", 0, 10 )
20 R> u$draw( 10L )
21 [1] 4.325224 0.269805 9.990058 7.137135 6.335477
22 [5] 6.833734 1.385790 8.850125 1.243403 4.070396
```

代码 7.5 在 R 中使用 Uniform 类

7.2 Rcpp Modules

Rcpp Modules 的设计受 **Boost.Python** 库 (Abrahams and Grosse-Kunstleve, 2003) 生成的 Python modules 影响很大。Rcpp Modules 提供了一个方便而且容易使用的方法将 C++ 函数和类一起通过一个单一操作导出到 R 中。

一个 Rcpp Modules 在一个 cpp 文件中使用 `RCPP_MODULE` 宏生成，其提供了导出到 R 中的模块的声明语句。

7.2.1 使用 Rcpp Modules 导出 C++ 函数

这里我们继续考虑前一节中的 `norm` 函数。我们可以使用 `RCPP_MODULE` 宏中的一行代码将其导出到 R 中：

```
using namespace Rcpp;
double norm( double x, double y ) {
    return sqrt( x*x+y*y);
}
RCPP_MODULE(mod) {
    function( "norm", &norm );
}
```

代码 7.6 通过 modules 导出 `norm` 函数

这个代码生成了一个名为 `mod` 的 Rcpp Module 用于导出 `norm` 函数。**Rcpp** 会自动处理输入输出所需的转换。这减少了使用 **Rcpp** 或 R API 时对转换函数的需求。

在 R 中，这个 module 使用 **Rcpp** 中的 `Module()` 函数进行取回：

```
R> require( Rcpp )
R> mod <- Module( "mod" )
R> mod$norm( 3, 4 )
```

代码 7.7 通过 modules 使用 `norm` 函数

一个 module 可以保护任意个对 `function` 的调用来在 R 中注册内部函数。比如，我们考虑下面这六个函数，其涵盖了很多输入和输出参数：

```
std::string hello() { return "hello"; }
int bar(int x) { return x*2; }
double foo(int x, double y) { return x* y; }
void bla() { Rprintf( "hello\\n" ); }
void bla1(int x) { Rprintf("hello (x = %d)\\n", x ); }
void bla2( int x, double y) {
  Rprintf( "hello (x = %d, y = %5.2f)\\n", x, y );
}
```

代码 7.8 含有六个函数的 module 示例

它们可以通过如下的少量代码导出到 R：

```
RCPP_MODULE(yada) {
    using namespace Rcpp;
    function( "hello" , &hello );
    function( "bar"   , &bar );
    function( "foo"   , &foo );
    function( "bla"   , &bla );
    function( "bla1"  , &bla1 );
    function( "bla2" , &bla2 );
}
```

代码 7.9 module 示例接口

现在我们可以在 R 中如下使用它们：

```
R> require( Rcpp )
R> yada <- Module( "yada" )
R> yada$bar( 2L )
R> yada$foo( 2L, 10.0 )
R> yada$hello()
R> yada$bla()
R> yada$bla1( 2L)
R> yada$bla2( 2L, 5.0 )
```

代码 7.10 R 中使用 modules 示例

满足下列要求的函数可以通过 Rcpp Modules 导出到 R 中：

- 函数参数的数目在 0 和 65 之间。
- 每一个输入参数都必须可以被 Rcpp::as 转换函数处理。
- 函数的返回类型必须是 void 或其他任何可以被 Rcpp::wrap 模板转换函数处理的类型。
- 函数名本身必须在 module 中是唯一的。换而言之，两个函数同名却有不同签名的情况是不允许的。C++ 允许函数重载，而 Rcpp modules 依赖于命名标示进行查找，从而不允许两个相同的标示符。

7.2.1.1 使用 Rcpp Modules 导出函数的文档处理

除了函数名和函数指针，还可以将对函数的简短描述作为 function 的第三个参数进行传递。

```
using namespace Rcpp;
double norm( double x, double y ) {
    return sqrt( x*x+y*y);
}
RCPP_MODULE(mod) {
    function("norm", &norm,
             "Provides a simple vector norm" );
}
```

代码 7.11 包含函数文档的 modules 示例

在 R 会话中显示这个函数时，会使用这个描述：

```
R> mod <- Module( "mod", getDynLib( fx ) )
R> show( mod$norm )
internal C++ function <0x2477630>
    docstring : Provides a simple vector norm
    signature : double norm(double, double)
```

代码 7.12 包含函数文档的 modules 示例

7.2.1.2 形参格式

使用 function 时，我们可以通过在函数指针之后，（可选）文档内容之前，传递一个 Rcpp::List 来指定封装了 C++ 函数的 R 函数的形参：

```
using namespace Rcpp;
double norm( double x, double y ) {
    return sqrt( x*x+y*y);
}
RCPP_MODULE(mod_formals) {
    function("norm", &norm,
             List::create(_["x"] = 0.0, _["y"] = 0.0),
             "Provides a simple vector norm");
}
```

代码 7.13 包含函数文档和形参的 modules 示例

一个简单的使用示例如下：

```
R> norm <- mod$norm
R> norm()
[1] 0
R> norm( y = 2 )
[1] 2
R> norm( x = 2,y=3)
[1] 3.605551
R> args( norm )
function (x = 0, y = 0)
NULL
```

代码 7.14 包含函数文档和形参的 modules 示例的输出

如果要设置没有缺省值的形参，很简单地去掉右边的部分即可。

```
using namespace Rcpp;
double norm( double x, double y ) {
    return sqrt( x*x + y*y);
}
```

```
5  RCPP_MODULE(mod_formals2) {
6      function("norm", &norm,
7               List::create(_["x"], _["y"] = 0.0),
8               "Provides a simple vector norm");
9  }
```

代码 7.15 包含函数文档和无缺省值形参的 modules 示例

可以如下使用：

```
1  R> norm <- mod$norm
2  R> args( norm )
3  function (x, y = 0)
4  NULL
```

代码 7.16 包含函数文档和形参的 modules 示例的输出

省略号 (···) 可以用于表示可选的额外参数；其没有缺省值。

```
1  using namespace Rcpp;
2  double norm( double x, double y ) {
3      return sqrt( x*x+y*y);
4  }
5  RCPP_MODULE(mod_formals) {
6      function("norm", &norm,
7               List::create(_["x"], _["..."]),
8               "Provides a simple vector norm");
9  }
```

代码 7.17 包含省略号 (···) 形参的 modules 示例

下面展示了文档中省略号的输出。

```
1  R> norm <- mod$norm
2  R> args( norm )
3  function (x, ...)
4  NULL
```

代码 7.18 包含省略号 (···) 形参的 modules 示例的输出

7.2.2 使用 Rcpp Modules 导出 C++ 类

Rcpp Modules 同样提供了一种机制用于导出 C++ 类，其基于在 R 2.12.0 版中首先引入 Reference Class。

7.2.2.1 初始示例

一个类通过使用 `class_` 关键字导出（后面的下划线是必须的，因为我们不能使用 C++ 中的关键字 `class`）。`Uniform` 类可以如下导出到 R 中：

```
using namespace Rcpp;
class Uniform {
public:
    Uniform(double min_, double max_) :
        min(min_), max(max_) {}
    NumericVector draw(int n) const {
        RNGScope scope;
        return runif( n, min, max );
    }
    double min, max;
};
double uniformRange( Uniform* w) {
    return w->max - w->min;
}
RCPP_MODULE(unif_module) {
    class_<Uniform>( "Uniform" )
    .constructor<double,double>()
    .field( "min", &Uniform::min )
    .field( "max", &Uniform::max )
    .method( "draw", &World::draw )
    .method( "range", &uniformRange )
    ;
}
```

代码 7.19 使用 modules 导出 `Uniform` 类

下面的简短示例展示了如何使用这个类:

```
R> Uniform <- unif_module$Uniform
R> u <- new( Uniform, 0, 10 )
R> u$draw( 10L )
[1] 3.7950482 6.9525034 0.5783621 5.7234278 0.6869314
[6] 5.6403064 2.3408875 6.5695670 1.8821565 8.8553301
R> u$range()
[1] 10
R> u$max <- 1
R> u$range()
[1] 1
R> u$draw( 10 )
[1] 0.1987632 0.7598329 0.7276362 0.3101182 0.2300929
[6] 0.7121408 0.1005060 0.4007011 0.1643178 0.2252207
```

代码 7.20 通过 modules 使用 `Uniform` 类

这里，`class_` 是一个用于导出到 R 的 C++ 里或结构体的模板。`class_-<Uniform>` 构造函数的参数是我们在 R 端使用的函数名。使用和类名相同的名字是非常合理的。然而这不是强制的，在导出由一个模板生成的类时，这可能很有用。

之后一个单独的构造函数，两个域和两个方法被导出以完成这个简单的示例。这两个方法中，一个使用类成员函数 `draw`，而另一个使用一个自由函数 `uniformRange`。

7.2.2.2 使用 Rcpp Modules 导出构造函数

通过使用`.class_` 的模板方法`.constructor`，可以将公共构造函数导出到 R 中，其参数个数为 0 到 7 个。

可选地，`.constructor` 也可以将描述作为第一个参数。

```
    .constructor<double, double>(
        "sets the min and max value of the distribution")
```

代码 7.21 包含描述的构造函数

第二个参数也可以是一个符合下面类型的函数指针，被称作“验证器”（validator）：

```
typedef bool (*ValidConstructor)(SEXP*, int);
```

代码 7.22 包含一个验证器函数指针的构造函数

当参数数目相同的多个构造函数被导出时，验证器可以用于实现对合适构造函数的调度。如果构造函数接受合适个数的参数，那默认的验证器会一直认为这个构造函数有效。比如，使用上面的调用，默认的验证器会接受任意从 R 中使用两个 double 参数（或可以被转换为 double 类型的参数）的调用。

7.2.2.3 导出域和属性

class_ 有三种方式来导出域和属性，如下面的例子所示：

```
using namespace Rcpp;
class Foo {
    public:
        Foo( double x_, double y_, double z_ ):
            x(x_), y(y_), z(z_) {}
        double x;
        double y;
        double get_z() { return z; }
        void set_z( double z_ ) { z = z_; }
    private:
        double z;
};
RCPP_MODULE(mod_foo) {
    class_<Foo>( "Foo" )
    .constructor<double,double,double>()
    .field( "x", &Foo::x )
    .field_readonly( "y", &Foo::y )
    .property( "z", &Foo::get_z, &Foo::set_z )
    ;
```

```
}
```

代码 7.23 导出供 module 使用的域和属性

.field 方法导出一个在 R 中可以读写的公共域；.field 同时也接受一个额外的参数用于给出该域的简短描述：

```
.field( "x", &Foo::x, "documentation for x" )
```

代码 7.24 包含说明文档的域

.field_readonly 方法导出一个在 R 中只读的公共域。它也可以接受对域的描述。

```
.field_readonly( "y", &Foo::y, "documentation for y" )
```

代码 7.25 包含说明文档的只读域

.property 方法允许通过 getter 和 setter 函数来间接获取域。setter 函数是可选的，如果没有 setter 函数，那属性被认为是只读的。和前面一样，一个可选的文档字符也可以用于描述这个属性：

```
// getter 和 setter
.property("z", &Foo::get_z, &Foo::set_z,
          "Documentation for z" )
// 只有 getter
.property( "z", &Foo::get_z, "Documentation for z" )
```

代码 7.26 包含 getter 和 setter，或只有 getter 的属性

域的类型（T）可以从 getter 函数的返回类型中推导出来，如果存在 setter 函数，那个其唯一的参数应该是相同的类型。

getter 函数可以是没有参数而返回一个 T 类型的成员函数（比如上面的 get_z），或者以一个指针为参数，以指向需要导出的类，并返回 T 类型的自由函数，比如：

```
double z_get( Foo*foo ) { return foo->get_z(); }
```

代码 7.27 使用 getter 的一个示例

setter 函数可以是以一个 T 类型为参数返回 void 类型的成员函数，比如上面的 set_z，也可以是以一个指向目标类的指针和 T 类型为参数的自由函数：

```
void z_set( Foo* foo, double z ) { foo->set_z(z); }
```

代码 7.28 使用 setter 的一个示例

在获取域必须被跟踪或者对其他域有影响时，使用属性提供了更多的灵活性。例如，这个示例跟踪了域 x 被读写的次数。

```
class Bar {
    public:
        Bar(double x_) : x(x_), nread(0), nwrite(0) {}
        double get_x( ) {
            nread++;
            return x;
        }
        void set_x( double x_) {
            nwrite++;
            x=x_;
        }
        IntegerVector stats() const {
            return IntegerVector::create(_["read"] = nread,
                                         _["write"] = nwrite);
        }
    private:
        double x;
        int nread, nwrite;
};
RCPP_MODULE(mod_bar) {
    class_<Bar>( "Bar" )
        .constructor<double>()
        .property( "x", &Bar::get_x, &Bar::set_x )
        .method( "stats", &Bar::stats )
    ;
```

```
}
```

代码 7.29 属性的示例代码

这里是一个简单的使用示例：

```
R> Bar <- mod_bar$Bar
R> b<-new(Bar,10)
R> b$x + b$x
[1] 20
R> b$stats()
  read write
     2     0
R> b$x <- 10
R> b$stats()
  read write
     2     1
```

代码 7.30 使用属性的一个示例

7.2.2.4 使用 Rcpp Modules 导出方法

class_ 有数个重载和模板化的.method 函数来允许开发者将和类相关的方法导出。

一个可以被.method 导出的合法方法可以是：

- 类的公共成员函数，可以是常量（const）函数，也可以是非常量函数，其返回 void 类型或任何可以被 Rcpp::wrap 处理的类型，其参数介于 0 和 65 个之间，并可以被 Rcpp::as 处理；
- 一个自由函数，其第一个参数为指向目标类的指针，之后有 0 个或多个（不超过 65 个）可以被 Rcpp::as 处理的参数，并返回一个可以被 Rcpp::wrap 处理的类型或者 void 类型。

文档方法 .method 也可以在方法（或自由函数）指针之后，包含方法的一个简短文档。

```
.method( "stats", &Bar::stats,
```

```
        "vector indicating the number of times"
        "x has been read and written" )
```

代码 7.31 包含文档方法的示例

需要注意的是这里作为文档的字符串真的只是一个参数，因为两部分之间并没有逗号。

常量和非常量成员函数 method 可以导出一个类中的 const 和非 const 成员函数。然而，有些情况下，一个类会定义同一个函数的两个版本，只通过函数签名的 const 加以区分。比如，STL 中 std::vector 模板中的 back 成员函数。

```
reference back();
const_reference back() const;
```

代码 7.32 常量和非常量成员函数

为解决歧义的问题，可以使用 const_method 或者 nonconst_method 而不是 method 来限定候选方法。

特殊方法 Rcpp 会特别考虑 [[和 [[<- 方法，并将其导出为 R 端的索引方法。

7.2.2.5 对象 finalizer

class_ 类的.finalizer 成员函数可以用于注册一个 finalizer。一个 finalizer 是一个以指向模板类指针作为参数并返回 void 类型的自由函数。finalizer 在析构函数之前被调用，所以其操作于目标类的一个实际对象上。其可以用于诸如释放资源、汇总信息或生成日志等合适的行为。

在一个封装了 C++ 对象的 R 对象被垃圾回收时，finalizer 会被自动调用。

7.2.2.6 S4 调度

当一个 C++ 类被 class_ 模板导出时，一个新的 S4 类同时被注册。S4 类的名字被模糊处理以避免命名冲突（比如两个 module 导出相同的类）。

这就允许了实现 R 层面的 S4 调度。例如，开发者可能会为 C++ World 类实现 show 方法：

```
setMethod("show", yada$World,
        function(object) {
           msg <- paste("World object with message :",
                        object$greet() )
           writeLines( msg )
          })
```

代码 7.33 S4 调度示例

7.2.2.7 完整示例

后面的示例展示了如何使用 Rcpp modules 来导出 STL 中的 std::vector<double> 类。

```
// 为了使用方便的 typedef
typedef std::vector<double> vec;

// 辅助函数
void vec_assign( vec*obj, Rcpp::NumericVector data ) {
    obj->assign( data.begin(), data.end() );
}

void vec_insert(vec* obj, int position,
                Rcpp::NumericVector data) {
    vec::iterator it = obj->begin() + position;
    obj->insert( it, data.begin(), data.end() );
}

Rcpp::NumericVector vec_asR( vec*obj ) {
    return Rcpp::wrap( *obj );
}

```

```
19 void vec_set( vec*obj, int i, double value ) {
20     obj->at( i ) = value;
21 }
22
23 RCPP_MODULE(mod_vec) {
24     using namespace Rcpp;
25
26     // 我们将 std::vector<double> 类导出为 R 端 "vec"
27     class_<vec>( "vec")
28
29     // 导出构造函数
30     .constructor()
31     .constructor<int>()
32
33     // 导出成员函数
34     .method( "size", &vec::size)
35     .method( "max_size", &vec::max_size)
36     .method( "resize", &vec::resize)
37     .method( "capacity", &vec::capacity)
38     .method( "empty", &vec::empty)
39     .method( "reserve", &vec::reserve)
40     .method( "push_back", &vec::push_back )
41     .method( "pop_back", &vec::pop_back )
42     .method( "clear", &vec::clear )
43
44     // 特别导出常量成员函数
45     .const_method( "back", &vec::back )
46     .const_method( "front", &vec::front )
47     .const_method( "at", &vec::at )
48
49     // 导出自由函数，其将 std::vector<double>* 作为第一个参数
50     .method( "assign", &vec_assign )
51     .method( "insert", &vec_insert )
52     .method( "as.vector", &vec_asR )
```

```
53
54     // 特别的索引方法
55     .const_method( "[[", &vec::at )
56     .method( "[[<-", &vec_set )
57
58     ;
59 }
```

代码 7.34 用于导出 std::vector<double> 的完整示例

在 R 中使用如下：

```
1 R> vec <- mod_vec$vec
2 R> v <- new( vec )
3 R> v$reserve( 50L )
4 R> v$assign( 1:10 )
5 R> v$push_back( 10 )
6 R> v$size()
7 R> v$capacity()
8 R> v[[ 0L ]]
9 R> v$as.vector()
```

代码 7.35 在 R 中使用 std::vector<double> 的 module 示例

7.3 在其他扩展包中使用 module

7.3.1 命名空间的导入导出

7.3.1.1 导入所有函数和类

当在一个扩展包中使用 **Rcpp** module 时，扩展包需要导入 **Rcpp** 的命名空间。这个可以通过在 NAMESPACE 文件中添加后面这一行完成。

```
1 import( Rcpp )
```

代码 7.36 在 R 的 NAMESPACE 中导入 **Rcpp** 从而使用 modules

载入 module 必须发生在扩展包的动态链接库被载入之后。这里有两个方法。较老的方法是使用.onLoad()。

```
# 获取命名空间
NAMESPACE <- environment()
.onLoad <- function(libname, pkgname) {
    ## 载入 module 并将其存储在命名空间中
    yada <- Module( "yada" )
    populate( yada, NAMESPACE )
}
```

代码 7.37 R 中用于使用 module 的.onLoad() 代码

调用 populate 会将 module 中的所有函数和类安装到扩展包的命名空间中。

7.3.1.2 在一个扩展包中导入所有方法

这里有一个很方便的函数 loadRcppModules() 用于在 DESCRIPTION 文件中声明的所有 module 上循环操作。loadRcppModules() 函数只有一个参数 direct，其默认值是 TRUE，暗示 module 中所有（导出）标示符都会直接被载入这个 module 的命名空间。否则，只有这个 module 会被导出，而其函数需要非直接使用（比如，通过 v$size()）。

loadRcppModules() 函数也必须在.onLoad() 函数中调用。

7.3.1.3 使用 loadModule

在 **Rcpp** 0.9.11 版本之后提供一个单独的 loadModule 函数。其可以用于扩展包中的任何.R 函数（不只是在.onLoad() 中）。其第一参数为 module 的名称，第二个参数可以用于指定 module 需要被载入的部分；特殊值 TRUE 标志着所有具有合法名称的对象都会被导出。

比如，**RcppBDT** 使用 loadModule("bdtDtMod", TRUE) 来载入 bdtDtMod module 中的所有成员。类似地，**RcppCNPy** 扩展包使用 loadModule("cnpy", TRUE) 来载入其唯一的 cnpy module。

7.3.2 扩展包框架生成器对 module 的支持

我们扩展了 Rcpp.package.skeleton() 函数以支持使用 **Rcpp** module。当 module 参数被设为 TRUE 时，框架生成器会提供使用一个简单 module 的代码。

```
1 R> Rcpp.package.skeleton( "testmod", module = TRUE )
```

代码 7.38 扩展包框架对 module 的支持

这提供生成一个含有 Rcpp module 代码的新扩展包的最简单方法。

7.3.3 module 文档

Rcpp 为 Module 类定义了一个 prompt() 方法，允许生成一个包含这个 module 相关信息的 Rd 文件框架。

```
1 R> yada <- Module( "yada" )
2 R> prompt( yada, "yada-module.Rd" )
```

代码 7.39 使用 prompt 用于文档框架

7.4 案例学习：RcppCNPy 扩展包

module 是非常强有力的工具。正如前面讨论过的 **RcppBDT** 所展示的，其非常适合导出已有的类库。Rcpp attribute 系统使用 module 来很容易地衔接其为用户提供的代码所生产的封装器。

module 可以被用于为外部库提供简单的分装器。**RcppCNPy** 扩展包 (Eddelbuettel, 2012a)提供了一个简单的示例。它使用了头文件和源文件中提供的一个很小的独立的库来使用 NumPy 文件，这些文件用于 NumPy 这一很流行的 Python 扩展。

在这个扩展包中，定义了 npyLoad() 和 npySave() 两个函数。它们依赖于由源文件 cnpy.cpp 和 cnpy.h 所提供的外部类，来在给定的文件和 R 之间传递数据。

代码 7.40 展示了这两个函数的简化版。我们删掉了一些东西来保持示例简短：矩阵转置的特例，用于处理 gzip 压缩文件的添加层，对 long long 类型的支持，以及对不同的底层数据类型的支持，我们这里只专注于 numeric 类型。

```
Rcpp::RObject npyLoad(const std::string & filename,
                      const std::string & type) {
    cnpy::NpyArray arr;
    arr = cnpy::npy_load(filename);
    std::vector<unsigned int> shape = arr.shape;
    SEXP ret = R_NilValue;
    if (shape.size() == 1) {
        if (type == "numeric") {
            double *p = reinterpret_cast<double*>(arr.data);
            ret = Rcpp::NumericVector(p, p + shape[0]);
        } else {
            arr.destruct();
            Rf_error("Unsupported type in npyLoad");
        }
    } else if (shape.size() == 2) {
        if (type == "numeric") {
            ret = Rcpp::NumericMatrix(shape[0], shape[1],
                        reinterpret_cast<double*>(arr.data));
        } else {
            arr.destruct();
            Rf_error("Unsupported type in npyLoad");
        }
    } else {
        arr.destruct();
        Rf_error("Unsupported dimension in npyLoad");
    }
    arr.destruct();
    return ret;
}
void npySave(std::string filename, Rcpp::RObject x,
             std::string mode) {
```

```
32      if (::Rf_isMatrix(x)) {
33          if (::Rf_isNumeric(x)) {
34              Rcpp::NumericMatrix mat =
35                  transpose(Rcpp::NumericMatrix(x));
36              std::vector<unsigned int> shape =
37                  Rcpp::as<std::vector<unsigned int> >(
38                      Rcpp::IntegerVector::create(mat.ncol(),
39                                                  mat.nrow()));
40              cnpy::npy_save(filename, mat.begin(),
41                             &(shape[0]), 2, mode);
42          } else {
43              Rf_error("Unsupported matrix type\n");
44          }
45      } else if (::Rf_isVector(x)) {
46          if (::Rf_isNumeric(x)) {
47              Rcpp::NumericVector vec(x);
48              std::vector<unsigned int> shape =
49                  Rcpp::as<std::vector<unsigned int> >(
50                      Rcpp::IntegerVector::create(vec.length()));
51              cnpy::npy_save(filename, vec.begin(),
52                             &(shape[0]), 1, mode);
53          } else {
54              Rf_error("Unsupported vector type\n");
55          }
56      } else {
57          Rf_error("Unsupported type\n");
58      }
59  }
```

代码 7.40 RcppCNPy 中定义的 `NumPy` 载入和保存函数

在扩展包其他部分的标准声明的辅助下，后面的 module 声明就是使 R 可以使用这些函数所需的全部工作。这些标准声明可以用辅助函数提供，比如使用 `modules=TRUE` 选项的 `Rcpp.package.skeleton()`。

```
RCPP_MODULE(cnpy){
    using namespace Rcpp;
    function("npyLoad",  // R 中的标示符
             &npyLoad,   // 指向上面定义的辅助函数的函数指针
             List::create(Named("filename"),// 包含默认值的函数参数
                          Named("type") = "numeric",
                          Named("dotranspose") = true),
             "read an npy file into a numeric vector or matrix");
    function("npySave", // R 中的标示符
             &npySave,  // 指向上面定义的辅助函数的函数指针
             List::create(Named("filename"),// 包含默认值的函数参数
                          Named("object"), Named("mode") = "w"),
             "save an R object to an npy file");
}
```

代码 7.41 **RcppCNPy** 中的 module 声明示例

7.5 进一步的示例

CRAN 上的很多扩展包都使用了 Rcpp module。在 2012 年，这个名单包括扩展包 **GUTS** (Albert and Vogel, 2012)，**RSofia** (King and Diaz, 2011)，**RcppBDT** (Eddelbuettel and François, 2012b)，**RcppCNPy** (Eddelbuettel, 2012a)，**cda** (Auguie, 2012a)，**highlight** (François, 2012a)，**maxent** (Jurka and Tsuruoka, 2012)，**parser** (François, 2012b)，**planar** (Auguie, 2012b)，**transmission** (Thomas and Redd, 2012)。

第 8 章　Sugar

章节摘要　本章描述了 Rcpp sugar，其为使用 **Rcpp** API 开发的 C++ 代码提供了更高的抽象。Rcpp sugar 基于表达式模板，并直接在 **Rcpp** 中提供了一些 "语法糖" 机制。本章里我们会介绍很多非常有用的 Rcpp sugar 特性。由于我们主要着重于 Rcpp sugar 的使用，所以我们不会在其模板元编程的实现方法上投入过多时间。最后提供了一些技术细节，如果用户的兴趣主要在于使用 Rcpp sugar，而不是进行扩展，这部分可以略过。最后，本章以一个很简单的使用 Rcpp sugar 的模拟实验来作为结束。

8.1　动机

Rcpp 通过将底层的 R API (R Development Core Team, 2012d) 的种种细节抽象为一系列兼容的 C++ 类的方法，提供了使用编译过的代码来扩展 R 的机制。这既可以通过 inline 方法，也可以通过一个 R 扩展包来实现。

使用 **Rcpp** 类进行开发的代码更容易读写，也更容易维护，并保持了性能。我们考虑下面这个代码示例，其通过使用 **Rcpp** API，提供了一个函数 foo 作为 R 的 C++ 扩展：

```
1  RcppExport SEXP foo( SEXP xs, SEXP ys) {
2      Rcpp::NumericVector xv(xs);
3      Rcpp::NumericVector yv(ys);
4      int n = xv.size();
5      Rcpp::NumericVector res(n);
6      for (int i=0; i<n; i++) {
7          double x = xv[i];
8          double y = yv[i];
```

```
9          if(x<y){
10             res[i] = x * x;
11         } else {
12             res[i] = -(y * y);
13         }
14     }
15     return res;
16 }
```

代码 8.1 操作向量的一个简单 C++ 函数

函数 foo 的目标非常简单。我们从 R 中传入了两个 numeric 向量（SEXP 类型），创建了两个 **Rcpp** 向量。之后我们创建了第三个同样长度的向量 res，进行填充，并返回到 R（我们可以暂时忽略从 xv 和 yv 到结果向量 res 的转换，这件事并没有什么实际意义）。正如下面的示例所示，这个函数展示了由于向量化操作，典型的低级 C++ 代码可以在 R 中写得更加简洁。

```
1 R> foo <- function(x, y){
2 +     ifelse( x < y, x * x, -(y * y))
3 + }
```

代码 8.2 操作向量的一个简单 R 函数

简单地说，Rcpp sugar 的开发动机就是将一部分高级的 R 语法引入 C++。因此，通过 Rcpp sugar，C++ 版本的 foo 现在变成

```
1 RcppExport SEXP foo( SEXP xs, SEXP ys){
2     Rcpp::NumericVector x(xs) ;
3     Rcpp::NumericVector y(ys) ;
4     return ifelse( x < y, x * x, -(y * y)) ;
5 }
```

代码 8.3 使用 sugar 操作向量的一个简单 C++ 函数

这只有初始版本长度的三分之一左右。更重要的是，这避免了我们使用显式的循环（这在 C++ 中很常见，但我们注意到，诸如 STL 提供了另外的选择），而使用和 R 中类似的向量化表达式。

除去我们需要使用从 R 中获得的值对两个对象进行赋值（感谢 **Rcpp** 模板，这只是两个简单的语句，正如前面讨论的，这只是一个轻量级的指针拷

贝)，和显式的 return 语句，现在的 C++ 代码和高度向量化的 R 已经一模一样了。所以 Rcpp sugar 使得我们可以在 C++ 中简单地表达一个向量化的表达式，如在 R 中一般。

Rcpp sugar 通过表达式模板和惰性求值技术实现 (Abrahams and Gurtovoy, 2004; Vandevoorde and Josuttis, 2003)。这不仅仅允许了更高级的语法，其也使得我们更加高效，这个我们会在后面的 8.4 和 8.6 节中详细讨论。

8.2 运算符

Rcpp sugar 利用了 C++ 的运算符重载。下面几个小节我们会讨论一些示例。

8.2.1 二元算术运算符

Rcpp sugar 定义了一般的二元算术运算符：+、-、*、/。

```
// 两个同样大小的向量
NumericVector x;
NumericVector y;

// 含有两个向量的表达式
NumericVector res = x + y;
NumericVector res = x - y;
NumericVector res = x * y; // 注意这是元素间相乘
NumericVector res = x / y;

// 一个向量和一个单独的数值
NumericVector res = x + 2.0;
NumericVector res = 2.0 - x;
NumericVector res = y * 2.0;
NumericVector res = 2.0 / y;

// 两个表达式
NumericVector res = x * y + y / 2.0;
```

```
19 NumericVector res = x * (y - 2.0);
20 NumericVector res = x / (y * y);
```

代码 8.4 sugar 的二元算术运算符

二元算术运算符的左侧和右侧必须是相同类型（比如都是 numeric 类型的表达式）。

运算符的左侧和右侧，既可以是同样大小，也可以其中之一是合适的基本类型，比如将一个 NumericVector 和一个 double 相加。这和 R 中对其操作所使用的循环规则不同。在 R 中，当一个较短的长度为 4 的向量加到一个较长的长度为 8 的向量上时，如果较长向量的长度（这里是 8）等于较短向量的长度（这里是 4）的整数倍（这是 2 倍），循环操作就会成功。Rcpp sugar 没有模拟这个行为，在 Rcpp sugar 中，两个操作数要么是相同长度，要么其中之一是单独的 C++ 基本类型，比如 double。

8.2.2 二元逻辑运算符

二元逻辑运算符会生成一个 logical 类型的 sugar 表达式，既可以来自相同类型的两个 sugar 表达式，也可以来自一个 sugar 表达式和一个相关的基本类型。

```
1  // 两个同样大小的整型向量
2  NumericVector x;
3  NumericVector y;
4
5  // 使用两个向量的表达式
6  LogicalVector res = x < y;
7  LogicalVector res = x > y;
8  LogicalVector res = x <= y;
9  LogicalVector res = x >= y;
10 LogicalVector res = x == y;
11 LogicalVector res = x != y;
12
13 // 一个向量和一个单独的数值
14 LogicalVector res = x < 2;
15 LogicalVector res = 2 > x;
```

```
16 LogicalVector res = y <= 2;
17 LogicalVector res = 2 != y;
18
19 // 两个表达式
20 LogicalVector res = (x + y) <  (x * x);
21 LogicalVector res = (x + y) >= (x * x);
22 LogicalVector res = (x + y) == (x * x);
```

代码 8.5 sugar 的二元逻辑运算符

8.2.3 一元运算符

一元运算符 - 可以将用于一个（数值型）的 sugar 表达式取负，而一元运算符 ! 可以用于将一个逻辑型的 sugar 表达式取负。

```
1 // 一个数值向量
2 NumericVector x;
3
4 // 对 x 取负
5 NumericVector res = -x;
6
7 // 将 x 作为数值表达式的一部分使用
8 NumericVector res = -x * (x + 2.0);
9
10 // 两个同样大小的整型向量
11 NumericVector y;
12 NumericVector z;
13
14 // 对表达式 "y < z" 取负
15 LogicalVector res = !(y < z);
```

代码 8.6 sugar 的一元逻辑运算符

8.3 函数

Rcpp sugar 定义了很多函数，非常紧密地匹配同名的 R 函数。

8.3.1 产生单一逻辑结果的函数

给定一个逻辑型的 sugar 表达式，函数 all 会判断是否全部元素都是 TRUE。类似地，函数 any 会判断给定逻辑型 sugar 表达式中是否有一个元素是 TRUE。

```
IntegerVector x = seq_len(1000);
all(x * x < 3);
any(x * x < 3);
```

代码 8.7 产生单一布尔结果的函数

对 all 或 any 的调用都会产生一个对象，其对应的类有 is_true、is_-false、is_na 等成员函数和一个到 SEXP 的转换操作符。

其中很重要的一点，all 是惰性求值的。和 R 中不同，这里不需要对表达式进行全部求值。在上面的例子中，在只对表达式 x * x < 3 的前两个索引进行求值之后，all 的结果就已经得到了。any 的求值也是惰性的，所以只需要对上面例子的第一个元素进行求值就足够了。

另一个很重要的考虑是到 bool 类型的转换。为了尊重 R 中的缺失值（NA）的概念，any 或 all 产生的表达式不能被直接转换成 bool 类型。必须使用 is_true，is_false 或 is_na。

```
// 会产生一个编译错误
bool res = any(x < y);

// ok
bool res = is_true(any(x < y));
bool res = is_false(any(x < y));
bool res = is_na(any(x < y));
```

代码 8.8 使用返回单一布尔结果的函数

8.3.2 产生 sugar 表达式的函数

8.3.2.1 is_na

给定一个 sugar 表达式，is_na（正如本节中的其他函数）会产生一个同样长度的逻辑型 sugar 表达式。如果对应的输入是个缺失值，则 sugar 表达式中对应的元素的值是 TRUE，反之，则为 FALSE。

```
IntegerVector x = IntegerVector::create(0, 1, NA_INTEGER, 3);
is_na(x);
all(is_na(x));
any(!is_na(x));
```

代码 8.9 is_na 函数示例

8.3.2.2 seq_along

给定一个 sugar 表达式，seq_along 会产生一个整型的 sugar 表达式，其值从 1 开始到输入表达式的大小。

```
IntegerVector x = IntegerVector::create( 0, 1, NA_INTEGER, 3 );
seq_along(x);
seq_along(x * x * x * x * x * x * x);
```

代码 8.10 seq_along 函数示例

从 R 的求值角度来讲，这是个 "惰性" 函数，其只需要调用输入表达式的 size 成员函数。换而言之，输入表达式的值不需要被计算。上面两个实例的结果一样，并且在运行时的效率也一样。由于在编译时构建语法树，所以编译时间受第二个表达式的复杂程度影响。

8.3.2.3 seq_len

seq_len 生成一个整型的 sugar 表达式，其第 i 个元素是 i。这使得 seq_len 对函数 sapply 和 lapply（其功能与其在 R 的对应类似，后面会做讨论）特别有用。

```
// 1, 2, ..., 10
IntegerVector x = seq_len(10);
lapply(seq_len(10), seq_len);
```

代码 8.11 seq_len 函数示例

8.3.2.4 pmax 和 pmin

给定两个相同类型和大小的 sugar 表达式，或者一个表达式和一个合适类型的基本数值，pmin(pmax) 会生成一个相同大小的 sugar 表达式，其第 i 个元素为第一个表达式第 i 个元素和第二个表达式第 i 个元素中最小（最大）的值。

```
IntegerVector x = seq_len(10);
pmin(x, x * x);
pmin(x * x, 2);
pmin(x, x * x);
pmin(x * x, 2);
```

代码 8.12 pmin 和 pmax 函数示例

8.3.2.5 ifelse

给定一个逻辑型的 sugar 表达式，或者下面中的一种：

- 两个兼容的 sugar 表达式（相同类型，相同大小）；
- 一个 sugar 表达式和一个兼容的基本类型。

ifelse 函数会生成一个 sugar 表达式，如果条件为 TRUE，其第 i 个元素为第一个 sugar 表达式的第 i 个元素；否则，其第 i 个元素为第二个 sugar 表达式的第 i 个元素，或者是合适的缺失值。

```
IntegerVector x;
IntegerVector y;
ifelse(x < y, x, (x + y) * y);
ifelse(x > y, x, 2);
```

代码 8.13 ifelse 函数示例

8.3.2.6 sapply

sapply 函数将一个 C++ 函数作用于给定表达式的每一个元素上，从而生成一个新的表达式。生成的表达式的类型通过编译器从函数的返回类型来决定。

所使用的函数可以是一个自由的 C++ 函数，比如有下面的模板函数重载而来：

```
template <typename T>
T square( const T& x){
    return x* x;
}
sapply( seq_len(10), square<int> );
```

代码 8.14 sapply 函数示例

另一种情况，所使用的函数可以是一个函子（functor）①，其类型是一个名为 result_type 的嵌入类型。满足这个要求的一个方法是从 std::unary_-function 函数进行继承：

```
template <typename T>
struct square : std::unary_function<T,T> {
    T operator()(const T& x){
        return x *x;
    }
}
sapply( seq_len(10), square<int>() );
```

代码 8.15 通过 std::unary_function 使用 sapply 函数的示例

8.3.2.7 lappy

lapply 和 sapply 很类似，除了 lapply 的结果永远是一个列表表达式（一个 VECSXP 类型的表达式）。

---

①函子，英文为 functor，也被翻译为“仿函数”。其行为类似函数，可以认为是重载了 operator() 的类或类模板。——译者注

8.3.2.8 mapply

mapply 和 lapply，以及 sapply 都很类似，但其允许多个向量作为输入。（至少在现阶段）其被限制在两个或三个向量。

我们可以修改代码 8.14 来展示如何将 mapply 用于多个向量之上。这里，除去计算每个元素的平方值，我们将两个向量的平方值进行求和。

```
template <typename T>
struct sumOfSquares : std::unary_function<T,T> {
    T operator()(const T& x, const T& y){
        return x*x+y*y;
    }
}
NumericVector res;
res = mapply(seq_len(10), seq_len(10), sumOfSquares<double>() );
```

代码 8.16 通过 std::unary_function 使用 mapply 函数的示例

8.3.2.9 sign

给定一个数值型或者整型的表达式，根据输入表达式的符号，sign 会返回一个表达式，其值为 1，0，−1 或者 NA。

```
IntegerVector xx;
sign(xx);
sign(xx * xx);
```

代码 8.17 sugar sign 函数示例

8.3.2.10 diff

diff 函数返回结果的第 i 个元素是输入表达式第 $i+1$ 个元素和第 i 个元素的差别。支持的类型为整型和数值型。

```
IntegerVector xx;
diff(xx);
```

代码 8.18 diff 函数示例

8.3.2.11 setdiff

setdiff 函数返回存在于第一个向量却不在第二个向量中的值；这和 R 中的同名函数类似。

```
IntegerVector xx, yy;
setdiff(xx, yy);
```

代码 8.19 setdiff 函数示例

8.3.2.12 union_

union_ 函数返回两个向量的并集。这个函数不得不在后面使用下划线，以免和关键字 union 冲突。

```
IntegerVector xx, yy;
union_(xx, yy);
```

代码 8.20 union_ 函数示例

8.3.2.13 intersect

intersect 函数返回两个向量的交集。

```
IntegerVector xx, yy;
intersect(xx, yy);
```

代码 8.21 intersect 函数示例

8.3.2.14 clamp

clamp 函数结合了 pmin 和 pmax 的结果。调用 clamp(a, x, b) 和 pmax(a, pmin(x, b)) 的结果一致。换而言之，其返回向量 x 中介于 a 的最小值和 b 的最大值之间的数值。

```
IntegerVector xx;
int a, b;
clamp(a, xx, b);
```

代码 8.22 clamp 函数示例

8.3.2.15 unique

unique 函数返回其输入向量中不重复的数值。

```
IntegerVector xx;
unique( xx );
```

代码 8.23 unique 函数示例

8.3.2.16 sort_unique

sort_unique 函数的结果合并了 unique 和 sort 函数的结果。

8.3.2.17 table

table 函数返回一个命名的向量，包括输入向量中每个命名元素出现的个数，正如 R 中的 table 函数。

```
IntegerVector xx;
table( xx );
```

代码 8.24 table 函数示例

8.3.2.18 duplicated

duplicated 函数返回一个逻辑型向量，表明输入向量第 i 个位置上的值是否和向量中之前的值重复。

```
IntegerVector xx;
duplicated( xx );
```

代码 8.25 duplicated 函数示例

8.3.3 数学函数

后面的一系列函数，一般来说，给定函数（比如 abs）结果的第 i 个元素是将该函数作用到输入表达式第 i 个元素上的结果。支持的类型包括整型和数值型。

一些函数会将输入向量转换为标量结果，比如 min()，max()，mean()，var() 或 sd()。Rcpp sugar 函数也提供了这些常见的功能。

```
NumericVector x, y;
int k;
double z;
abs(x);
exp(x);
floor(x);
ceil(x);
pow(x, z); # x 的 z 次方
log(x);
log10(x);
sqrt(x);
sin(x);
cos(x);
tan(x);
sinh(x);
cosh(x);
tanh(x);
asin(x);
acos(x);
atan(x);
gamma(x);
lgamma(x); # log gamma
digamma(x);
trigamma(x);
tetragamma(x);
pentagamma(x);
```

```
27 expm1(x);
28 log1p(x);
29 factorial(x);
30 lfactorial(x);
31 choose(n, k);
32 lchoose(n, k);
33 beta(n, k);
34 lbeta(n, k);
35 psigamma(n, k);
36 trunc(x);
37 round(x, k);
38 signif(x, k);
39 mean(x);
40 var(x);
41 sd(x);
42 sum(x);
43 cumsum(x);
44 min(x);
45 max(x);
46 range(x);
47 which_min(x);
48 which_max(x);
49 setequal(x, y);
```

代码 8.26 数学函数使用示例

8.3.4 d/q/p/r 统计函数[②]

Rcpp sugar 所提供的框架也允许非常便捷、高效地使用 R 自身所使用的密度函数、分布函数、分位数函数和随机数生成函数。这些在 Rmath 库提供，正如在 4.8 节中讨论的，其可以通过 **Rcpp** 为 R 这部分 API 所提供的 R 命名空间来获取。

②原文为 d/q/p/q，已更正。——译者注

一般来说，Rcpp sugar 提供的函数对于第一个元素是向量化的。从而使得 C++ 中的函数调用就和在 R 中一样，如下面的示例所示：

```
x1 = dnorm(y1, 0, 1); // m=0, sd=1 情况下，y1 的密度
x2 = pnorm(y2, 0, 1); // y2 的分布函数
x3 = qnorm(y3, 0, 1); // y3 的分位数
x4 = rnorm(n, 0, 1);  // 从 N(0, 1) 抽取 n 个随机数
```

代码 8.27 d/q/p/r 统计函数示例

对于 x1 到 x3，生成的向量和输入向量 y1 到 y3 的维度相同。

我们为常见分布分别提供了类似的 d/q/p/r 函数：beta、binom、cauchy、chisq、exp、F、gamma、geom、hyper、lnorm、logis、nbeta、nbinom、nbinom_mu、nchisq、nf、norm、nt、pois、t、unif 和 weibull。

很重要的一点是，程序员在使用随机数生成函数时，需要初始化随机数生成器的状态，这在 *Writing R Extension* 手册 (R Development Core Team, 2012d) 6.3 节有详细说明。为了简化这点，**Rcpp** 扩展包提供了一个很方便的 C++ 解决方案：一个限定了作用域的类，其在进入代码块时设定随机数生成器，在离开代码块时进行重置。下面的例子使用了 RNGScope 类。函数定义了一个代码块，局部变量在其中是有效的；在进入函数时，RNGScope 变成有效的。因此，随机数生成器可以被调用进行对 x 的赋值。这个值在函数返回语句后被清除。RNGScope 不需要是第一个语句。事实上，它可以被放置在函数作用域的任何位置，但必须在第一次使用随机数生成器之前进行调用。

```
RcppExport SEXP getRGamma() {
    RNGScope scope;
    NumericVector x = rgamma( 10, 1, 1 );
    return x;
}
```

代码 8.28 RNGScope 中使用 RNG sugar 函数示例

由于在使用 RNGScope 时会有一些计算上的负担，我们没有将其自动封装在每个随机数生成函数内。相反，用户在使用这些函数时，应该在其代码合适的级别上放置一个 RNGScope。

在一些情况下，单一参数的标量函数会返回一个单一的结果，这通过在 4.8 节中讨论过的 R 命名空间提供。这和 R 在安装时引入的头文件 Rmath.h

提供的接口相一致。Rcpp sugar 提供的额外接口需要原始头文件加前缀 `Rf_-` 进行重映射，这样新添加的函数就可以直接从新的命名空间中使用，和已有的标示符相区别。

8.4 性能

Rcpp 扩展包在文件夹 `examples/SugarPerformance` 下提供了一个完整的示例用于展示使用 Rcpp sugar 可能带来的性能提升。其对四个 R 表达式在 R 中运行、通过手动优化过的 C++ 和通过 Rcpp sugar 的向量化 C++ 方法的性能进行了比较。四个表达式的求值涵盖了 `any`、`ifelse`（这里我们使用了检查和不检查缺失值两个版本的代码）和 `sapply`。

表 8.1 Rcpp sugar，R 以及手动优化的 C++ 代码的运行时间对比

R 表达式	运行次数	手动优化	sugar	R
`any(x * y<0)`	5000	0.00027	0.00069	6.8914
`ifelse(x<y, x*x, -(y*y))`	500	1.28566	1.52103	13.8829
`ifelse(x<y, x*x, -(y*y))`(noNA)	500	0.41462	1.14434	13.8537
`sapply(x, square)`	500	0.16721	0.19224	115.4236

正如在表 8.1 中所示，性能有很大的变化。尤其是在第一个示例中。一个 R 表达式诸如 `any(x*y < 0)` 会对两个向量中所有的成对元素进行求值。然而，Rcpp sugar 的实现可以进行短路求值，在有一个成对元素求值为真时停止。毕竟这个测试是针对“至少一个”，而不是全部。C++ 实现将编译代码和可能的短路求值结合起来，从而有更快的速度。事实上，C++ 和 R 的时间比接近 1:10000。手动优化的代码仍然可以比 Rcpp sugar 代码快一些。

第二个和第三个示例展现了在本章开头引入的向量函数。我们展示了两个结果：在第二个示例中，一个标准的实现，和 R 中一样，对所有元素是否为 `NA` 进行检测（这增加了额外的计算负担）；在第三个例子中，没有对 `NA` 进行检测。这里，Rcpp sugar 相对于向量化的 R 分别达到了 9 倍和 12 倍的提升。手动优化的 C++ 代码在去除 `NA` 值检测时有了最大的提升，而在默认情况下，只稍微快了一点。

第四个也是最后一个示例展示了使用 `sapply` 将一个函数（这里是计算其参数的平方根）作用到一个向量上。又一次，Rcpp sugar 的版本比 R 的版本快了很多；两个版本的时间比大约有 600。Rcpp sugar 代码只比手动优化的代码慢了一点点。

这个小节里我们展示了 Rcpp sugar 可以提供非常显著的性能提升。尽管手动写的 C++ 代码会稍快一些，但 Rcpp sugar 提供的向量化代码更简洁，更容易书写和维护，这使得 Rcpp sugar 成为一个很有吸引力的选择。

8.5 实现

这个小节会详细讲解在实现 Rcpp sugar 时使用到的技术。这里提醒一下，用户不需要对 Rcpp sugar 的实现细节很熟悉再开始使用，所以这个小节在初次阅读本章的时候可以略过。

Rcpp sugar 函数的实现是重复性相当高的工作，其符合一个结构良好的模式。所以只要掌握基本概念（由于其模板编程的继承复杂性，这可能需要花费些时间），用户就可以根据已有的模式对函数集进行扩展。

8.5.1 CRTP 模式

Rcpp sugar 所使用的表达式模板使用一种叫奇异递归模板模式（Curiously Recurring Template Pattern，CRTP）的技术[③]。CRTP 的一般形式：

```
// The Curiously Recurring Template Pattern (CRTP) 模式

// 模板化的基类
template <typename T>
struct base {
    // ...
};

// 一个派生类
// 它是其继承而来的基类的模板
struct derived : base<derived> {
    // ...
};
```

代码 8.29 CRTP（Curiously Recurring Template Pattern）模式

③维基百科上的相关页面 http://en.wikipedia.org/wiki/Curiously_recurring_template_pattern 提供了一个很好的介绍和一些深入的讲解。

base 类的模板是从其自己派生出的类：derived。这就改变了基类和派生类的关系，从而允许基类使用派生类的方法。

8.5.2 VectorBase 类

Rcpp sugar 通过 VectorBase 类模板将 CRTP 作为实现基础。所有 sugar 表达式都由 VectorBase 模板生成的类派生而来。VectorBase 类现在的定义如下：

```
template <int RTYPE, bool na, typename VECTOR>
class VectorBase {
public:
  struct r_type :
    traits::integral_constant<int,RTYPE>{};
  struct can_have_na :
    traits::integral_constant<bool,na>{};
  typedef typename
    traits::storage_type<RTYPE>::type stored_type;

  VECTOR& get_ref(){
    return static_cast<VECTOR&>(*this);
  }

  inline stored_type operator[]( int i) const {
    return static_cast<const VECTOR*>(this)->operator[](i);
  }

  inline int size() const {
    return static_cast<const VECTOR*>(this)->size();
  }

  /* 我们这里省略掉了定义 */
  class iterator;

```

```
26   inline iterator begin() const {
27     return iterator(*this, 0);
28   }
29   inline iterator end() const {
30     return iterator(*this, size() );
31   }
32 }
```

代码 8.30 Rcpp sugar 中的 VectorBase 类

VectorBase 模板有三个参数:

RTYPE 这控制了其底层 SEXP 表达式的类型。

na 其会嵌入派生类型信息中,表明实例中是否存在缺失值。**Rcpp** 的向量类型(IntegerVector,…)从 VectorBase 中派生时,这个参数设为 true,因为在编译时无法确定这个向量在运行时是否含有缺失值。然而,由 sugar 表达式产生的类型中这个参数被设为 false,因为可以保证产生的表达式中不含有缺失值。一个例子是 is_na 函数。这个参数可以在很多地方使用,作为编译时调度的一部分,来限制重复操作的出现。

VECTOR 这是 Rcpp sugar 的关键组成部分。这是 CRTP 的表现。索引操作符和 VectorBase 的 size 方法将 this 静态转换到 VECTOR 类型,从而可以调用派生类的方法。

8.5.3 实例:sapply

作为一个实例,由 Rcpp::sugar::Sapply 支持的 sapply 函数的现有实现如代码 8.31 所示:

```
1 template <int RTYPE, bool NA, typename T, typename Function>
2 class Sapply : public VectorBase<
3   Rcpp::traits::r_sexptype_traits<
4     typename ::Rcpp::traits::result_of<Function>::type >::rtype,
5   true,
6   Sapply<RTYPE,NA,T,Function>
7   >{
8 public:
```

```
9     typedef typename ::Rcpp::traits::result_of<Function>::type;
10
11    const static int RESULT_R_TYPE =
12      Rcpp::traits::r_sexptype_traits<result_type>::rtype;
13
14    typedef Rcpp::VectorBase<RTYPE,NA,T> VEC;
15
16    typedef typename Rcpp::traits::r_vector_element_converter<
17      RESULT_R_TYPE>::type converter_type;
18
19    typedef typename
20      Rcpp::traits::storage_type< RESULT_R_TYPE>::type STORAGE;
21
22    Sapply( const VEC& vec_, Function fun_ ) :
23      vec(vec_), fun(fun_){}
24
25    inline STORAGE operator[]( int i ) const {
26      return converter_type::get( fun( vec[i] ) );
27    }
28
29    inline int size() const { return vec.size(); }
30
31  private:
32      const VEC& vec;
33      Function fun;
34  };
35
36  // sugar
37  template <int RTYPE, bool _NA_, typename T, typename Function>
38  inline sugar::Sapply<RTYPE,_NA_,T,Function>
39  sapply(const Rcpp::VectorBase<RTYPE,_NA_,T>& t, Function fun) {
40      return sugar::Sapply<RTYPE,_NA_, T,Function>(t, fun);
```

```
41 }
```

代码 8.31 Rcpp sugar 中的 sapply 实现

8.5.3.1 sapply 函数

sapply 是接受两个参数的模板函数。

- 第一个参数是一个 sugar 表达式，由于其和 VectorBase 类模板的关系，我们可以识别它。
- 第二个参数是其作用的函数 fun。

sapply 函数自身什么都不做。相反，其用于触发编译器对 sugar::Sapply 中的模板参数的检测。

8.5.3.2 检测函数的返回值类型

为了检测究竟是在构建何种表达式，Sapply 模板类通过 Rcpp::traits::result_of 模板对模板参数进行查询。

```
typedef typename
  ::Rcpp::traits::result_of<Function>::type result_type;
```

代码 8.32 Rcpp::traits::result_of 模板

result_of 类型的 trait[④] 实现如下：

```
template <typename T>
struct result_of {
  typedef typename T::result_type type;
};
template <typename RESULT_TYPE, typename INPUT_TYPE>
struct result_of< RESULT_TYPE (*)(INPUT_TYPE) >{
  typedef RESULT_TYPE type;
};
```

代码 8.33 result_of trait 实现

④ Trait 是 C++ 模板中的一种技术，其最初目的是为了管理模板参数，有时模板中需要几个参数，但有些参数是与主要参数紧密相关的，这时候可以使用 trait 从几个主要的模板参数中推导出相应的次要参数，并以默认模板参数的形式出现在模板中。——译者注

result_of 通用定义的目标是包含一个嵌套 result_of 类型的函子。第二个定义是一个目标为函数模板的部分序列化版本。

8.5.3.3 表达式类型的确定

基于函数结果的类型，r_sexptype_traits trait 被用于确定表达式类型。

```
const static int RESULT_R_TYPE =
  Rcpp::traits::r_sexptype_traits<result_type>::rtype;
```

代码 8.34 Rcpp::traits::r_sexptype_traits 模板

8.5.3.4 转换器

r_vector_element_converter 类被用于将一个函数结果类型的对象，转换为适合于 sugar 表达式的实际存储类型。

```
typedef typename
  Rcpp::traits::r_vector_element_converter<RESULT_R_TYPE>::type
  converter_type;
```

代码 8.35 r_vector_element_converter 类

8.5.3.5 储存类型

storage_type trait 被用于获取和一个 sugar 表达式类型相关的存储类型。

```
typedef typename
  Rcpp::traits::storage_type<RESULT_R_TYPE>::type STORAGE;
```

代码 8.36 storage_type trait

8.5.3.6 输入表达式的基本类型

sapply 函数作用于输入表达式之上，其类型同样通过一个 typedef 定义，从而方便使用：

```
typedef Rcpp::VectorBase<RTYPE,NA,T> VEC;
```

代码 8.37 输入表达式的基本类型

8.5.3.7 输出表达式的基本类型

为了成为 Rcpp sugar 系统的一部分，Sapply 类模板所产生的类型必须从 VectorBase 继承而来。

```
template <int RTYPE, bool NA, typename T, typename Function>
class Sapply : public VectorBase<
  Rcpp::traits::r_sexptype_traits<
    typename ::Rcpp::traits::result_of<Function>::type>::rtype,
  true,
  Sapply<RTYPE, NA, T, Function>
>
```

代码 8.38 输出表达式的基本类型

这里我们有三个参数。首先，Sapply 生成的表达式基于函数结果的类型。其次，其可能包括缺失值。第三个参数是 CRTP 的表现形式。

8.5.3.8 构造函数

Sapply 类模板的构造函数是非常直接明了的，其仅仅由指向输入表达式和函数的引用组成。

```
Sapply( const VEC& vec_, Function fun_ ) :
  vec(vec_), fun(fun_){}

private:
  const VEC& vec;
  Function fun;
```

代码 8.39 Sapply 类模板的构造函数

8.5.3.9　实现

索引操作符和 size 成员函数是 VectorBase 所需要的。结果表达式的大小和输入表达式相同，而结果的第 i 个元素正是由函数和转换器而来。二者都以内联函数的形式存在以最大化性能：

```
inline STORAGE operator[]( int i ) const {
  return converter_type::get( fun( vec[i] ));
}
inline int size() const { return vec.size(); }
```

代码 8.40　Sapply 实现

8.6　案例学习：使用 Rcpp sugar 计算 π

Rcpp sugar 提供了很多函数，可以用于构建其他程序和应用。我们没有从一个已有的扩展包中选一个实例出来，在这个小节我们会展示 Rcpp sugar 如何像 R 本身一样紧凑和富有表达力。

为了这个目的，我们会重现近似计算 π 这个著名的入门示例。这个算法利用了单位圆面积等于 π 的性质。我们重复地从两个介于 0 和 1 之间均匀分布中取两个随机数 x 和 y。之后我们计算点 (x, y) 到原点的距离

$$d = \sqrt{x^2 + y^2}$$

进而判断其是否在单位圆之内。我们计算所有距离小于 1 的点的数目，除以总数 N，从而得到单位圆面积的四分之一，因为我们最初的抽取都是在第一象限之中。所以，通过将这个面积乘以四，我们就得到了单位圆的面积，进而得到了 π 的估计。

```
piR <- function(N) {
    x <- runif(N)
    y <- runif(N)
    d <- sqrt(x^2 + y^2)
    return(4 * sum(d < 1.0) / N)
}
```

代码 8.41　R 中的 π 模拟计算

感谢 Rcpp sugar 的帮助，我们可以在 C++ 中完成一个等价的程序，而在函数体中只多了一行，用于确保随机数生成器的合适设置。

```
#include <Rcpp.h>

using namespace Rcpp;

// [[Rcpp::export]]
double piSugar(const int N) {
    RNGScope scope; // 确保随机数生成器的合适设置
    NumericVector x = runif(N);
    NumericVector y = runif(N);
    NumericVector d = sqrt(x*x+y*y);
    return 4.0 * sum(d < 1.0) / N;
}
```

代码 8.42 C++ 中的 π 模拟计算

使用 Rcpp attribute，我们可以通过将文件名传递给 sourceCpp() 函数，来得到同样名为 piSugar 的 R 函数。

完整的示例见代码 8.43。

```
library(Rcpp)
library(rbenchmark)

piR <- function(N) {
    x <- runif(N)
    y <- runif(N)
    d <- sqrt(x^2 + y^2)
    return(4 * sum(d < 1.0) / N)
}
# get C++ version from source file
sourceCpp("piSugar.cpp")

N <- 1e6

```

```
15 set.seed(42)
16 resR <- piR(N)
17
18 set.seed(42)
19 resCpp <- piSugar(N)
20
21 ## 注意：检测结果时需要设置相同的随机数种子
22 stopifnot(identical(resR, resCpp))
23
24 res <- benchmark(piR(N), piSugar(N), order="relative")
25
26 print(res[,1:4])
```

代码 8.43 R 中的 π 模拟计算

在表 8.2 中，我们可以看到性能比较的结果。尽管两个版本都非常紧凑，都运行于完全一样的向量化代码之上，结果也完全相同（我们刚刚证实了这点），但 C++ 版本将运行时间降低了大约一倍，这样的好结果让人惊喜。

表 8.2 Rcpp sugar 和 R 中进行 π 模拟计算的时间对比

R 表达式	运行次数	花费时间	相对比
piSugar(N)	100	5.777	1.000
piR(N)	100	11.227	1.943

这里我们要强调，不要从这里开始尝试用 Rcpp sugar 重写 R 中的每一个表达式。Rcpp sugar 的作用在于从 C++ 层面上给我们提供了非常简洁的表达式。这使得程序员可以书写和 R 相似的紧凑代码。这可以作为其他 C++ 代码的补充，而不是用于取代 R，因为向量化的 R 代码已经足够快了。

第四部分

应 用

第 9 章　RInside

章节摘要　**RInside** 扩展包使得我们可以在 C++ 应用中直接调用 R。**RInside** 为 R 的嵌入 API 提供了 一个抽象层，从而使得在应用中使用 R 实例变得更容易。不仅如此，由于 **Rcpp** 所有提供的类，R 和 C++ 之间的数据交换变得十分直观易懂。我们通过扩展包里的一些例子来展现 **RInside** 的特点。

9.1　动机

整本书中，**Rcpp** 都是作为一个扩展包来讨论的，它简化了向 R 中添加代码这个过程。这方面的示例可以是单独的应用，也可以是访问外部库，或者二者的结合。其中的共性在于 R 一直作为主界面存在：这样做的目的都是在扩展 R 的新功能，也就是说依然将 R 作为统计计算、数据分析和建模的主环境来进行扩展。

然而，很多情形下，人们可能会有不同的看法，即需要将 C++ 程序作为主程序来运行。人们可能会将 R 作为分析引擎来部署，或者作为主程序的一个补充服务。举一个更具体的例子，设想一个（可能很大的）程序控制一系列模拟。在运行了一部分实验后，结果被汇总分析，从而得出影响后续模拟的中间结果。我们的问题是使得这些中间的分析结果可以被控制整个模拟的外部 C++ 程序访问。在这个问题上，我们会考虑采用两个常见工作流程之一。

第一个方案也是最简单的方案。将数据写到文件中。标准文本文档是最常见的选择，领域内特定的或者高效的二进制文件也是选择。这时，分析工作可以转换到另一个程序上，比如 R。分析过程可以被写成脚本，从而可以被类似 `Rscript`（R 安装时已经默认安装）的前端执行。这种情况下，主程序甚至可以通过 `System()` 来调用 `Rscript`。数据分析完成后，模拟的主程序就可以根据结果更新参数，继而继续运行。

第二种方案是通过网络和分析程序进行通信。**Rserve** 扩展包 (Urbanek, 2003, 2012) 可以监听网络端口，接收数据和指令，从而使得它可以作为网络版的 R 分析工具。主程序可以传输需要分析的数据，之后调用分析脚本。主程序在从分析引擎或分析服务器接收结果后继续运行。因此，这种做法和第一种方案中调用外部分析引擎大体相当。

两种方案都可以完成任务，但都有其缺点。通过 `system()` 来调用外部程序是相对简单和鲁棒的。然而，一个主要问题是通过 `system()` 提供的简化的接口，很难报告错误信息。我们可以将成功运行和错误代码分别编码成整数值，从而进行返回。也可以将这些结果输出到标准输出或文件当中，之后由主程序进行解析。现在还没有其他可以让两种程序共享错误信息的正式机制存在。基于文件的方案的另一个缺点在于，如果有不止一个程序正在运行，那么可能存在竞争情况。类似地，基于网络的方案也引入了一个网络层面的失败可能。当然，这可以通过保证 **Rserve** 运行在同一台机器，或者在网络设置时添加冗余来解决。

两个方案的潜在问题意味着我们需要其他的解决方案。一个由 R 支持的可能的方案是将解释器嵌入到其他程序当中。这通过一个广泛的嵌入 API (R Development Core Team, 2012d, 第 8 章) 来进行支持。这个 API 是用 C 写的，并不支持 **Rcpp** 所提供的高层次抽象。然而，**RInside** 扩展包 (Eddelbuettel and François, 2012d) 在标准的 R 嵌入 API 之上，使用了一种对 C++ 程序员来讲更自然的方式构建。在本章，我们通过 **RInside** 中所提供的几个示例来展示其使用。

9.2 示例一：Hello, World!

让我们先看一下 **RInside** 扩展包下 `examples/standard` 文件夹下众多示例里的第一个。这个示例也遵守了编程语言长久以来的优良传统，就是在屏幕上显示 “Hello, world!”。

```
1  #include <RInside.h>
2
3  int main(int argc, char *argv[]) {
4
5      // 创建一个 R 实例
6      RInside R(argc, argv);
```

```
7
8     // 将一个字符数组赋值给 txt
9     R["txt"] = "Hello, world!\n";
10
11    // 对字符串进行求值，忽略返回值
12    R.parseEvalQ("cat(txt)");
13
14    exit(0);
15 }
```

代码 9.1 RInside 示例一：Hello, World!

这个程序实际上只由四个语句所构成，并且由单一的头文件（`RInside.h`）提供所有的声明。首先，我们实例化了一个名为 R 的 `RInside` 类对象。这个类有两个参数用于处理命令行参数，然而，这两个参数都是可选的。在这之后，就是将要显示的字符串常量赋给直接在 R 会话中所创建的 `txt` 变量。其次，一条调用 `cat()` 函数来显示变量 `txt` 内容的 R 命令被传递给嵌入的 R 实例，并被解析求值。最后的这步求值被"安静地（quietly）"地执行（正如成员函数名结尾的那个"Q"所暗示的），没有任何返回值。下面我们会看到相关的 `parseEval()` 函数会返回其最后一个表达式的值，从而更接近一个标准的 R 函数。最后，我们返回了错误代码 0，也就意味着程序成功运行完了。

这里可以直接使用先前提到的 **RInside** 下 `examples/standard` 文件夹中的 `Makefile`（或者 Windows 平台下的 `Makefile.win`）来构建第一个例子。`Makefile` 里包含了用于查询 R、**Rcpp** 和 **RInside** 相关头文件和库信息的 shell 表达式，并使用这些信息来构建完整的编译命令：

```
1  ## 请注释掉下面一行，如果使用了不同版本的 R
2  ## 并且在环境变量里设置相应的 R_HOME
3  R_HOME :=       $(shell R RHOME)
4
5  sources :=      $(wildcard *.cpp)
6  programs :=     $(sources:.cpp=)
7
8  ## 引入 R 的头文件和库
9  RCPPFLAGS :=   $(shell $(R_HOME)/bin/R CMD config --cppflags)
```

```
10 RLDFLAGS :=    $(shell $(R_HOME)/bin/R CMD config --ldflags)
11 RBLAS :=       $(shell $(R_HOME)/bin/R CMD config BLAS_LIBS)
12 RLAPACK :=     $(shell $(R_HOME)/bin/R CMD config LAPACK_LIBS)
13 
14 ## 如果需要设置一个指向 R 的 rpath 变量，请使用下面一行
15 #RRPATH :=      -Wl,-rpath,$(R_HOME)/lib
16 
17 ## 引入 Rcpp 接口类的头文件和库
18 RCPPINCL :=     $(shell echo 'Rcpp:::CxxFlags()' | \
19                     $(R_HOME)/bin/R --vanilla --slave)
20 RCPPLIBS :=     $(shell echo 'Rcpp:::LdFlags()'  | \
21                     $(R_HOME)/bin/R --vanilla --slave)
22 
23 ## 引入 RInside 嵌入类的头文件和库
24 RINSIDEINCL := $(shell echo 'RInside:::CxxFlags()' | \
25                     $(R_HOME)/bin/R --vanilla --slave)
26 RINSIDELIBS := $(shell echo 'RInside:::LdFlags()'  | \
27                     $(R_HOME)/bin/R --vanilla --slave)
28 
29 ## 默认的 make 规则里的编译器设置
30 CXX :=          $(shell $(R_HOME)/bin/R CMD config CXX)
31 CPPFLAGS :=     -Wall \
32                 $(shell $(R_HOME)/bin/R CMD config CPPFLAGS)
33 CXXFLAGS :=     $(RCPPFLAGS) $(RCPPINCL) $(RINSIDEINCL) \
34                     $(shell $(R_HOME)/bin/R CMD config CXXFLAGS)
35 LDLIBS :=       $(RLDFLAGS) $(RRPATH) $(RBLAS) $(RLAPACK) \
36                     $(RCPPLIBS) $(RINSIDELIBS)
```

代码 9.2 用于 **RInside** 示例的 `Makefile`

有了 `Makefile`，我们只要使用 `make rinside_example0` 就可以构建第一个示例，或者使用 `make` 来构建所有的示例。等价的手动编译命令会在调用 `make` 之后作为输出显示出来。显示的具体内容，会因为扩展包安装的位置、操作系统和系统范围的编译器选项不同而有所不同。作为一个 Linux 系统下的示例，我们应该会看到下面的执行结果（这里的换行仅仅是为了便于展示）：

```
sh> make rinside_sample0
g++ -I/usr/share/R/include
  -I/usr/local/lib/R/site-library/Rcpp/include
  -I"/usr/local/lib/R/site-library/RInside/include"
  -O3 -pipe -g -Wall rinside_sample0.cpp
  -L/usr/lib64/R/lib -lR -lblas -llapack
  -L/usr/lib/R/site-library/Rcpp/lib -lRcpp
  -Wl,-rpath,/usr/lib/R/site-library/Rcpp/lib
  -L/usr/local/lib/R/site-library/RInside/lib -lRInside
  -Wl,-rpath,/usr/local/lib/R/site-library/RInside/lib
  -o rinside_sample0
```

代码 9.3 使用 **RInside** 的 Makefile 构建示例

这么多行的命令看起来多少有些吓人，但实际上仅仅是三套对应的头文件和库的组合。这些用于构建整体的编译和链接命令的文件有三个不同的来源：

1. 用于编译和链接 R，与 R CMD COMPILE 和 R CMD LINK 提供的类似。
2. 用于编译和链接 **Rcpp**。
3. 用于编译和链接 **RInside**。

用户可以很简单地从所提供的 Makefile 里拷贝从而构建自己的 Makefile。另外，这里所提供的 Makefile 是通用并可以重复使用的。它可以用于把任意的示例文件编译链接为相对应的可执行文件。现有的唯一限制就是源文件和可执行文件之间的一一对应关系。多重依赖暂时还不支持，但可以通过扩展 Makefile 的方式实现。

最后，在 Windows 平台上必须使用相对应的 Makefile。编译工作可以简单地通过为 make 添加 -f Makefile.win 参数，也就是使用 make -f Makefile.win 来实现。

9.3 示例二：数据传输

在 **RInside** 扩展包下的 examples/standard 文件夹中还提供了很多示例。不少示例都包含了调用 R 函数的简单案例。下面这个和 rinside_sample6.cpp 稍有不同的例子，就展现了 double 类型的不同容器和 R 之间的数据传输过程。

```
#include <RInside.h>

int main(int argc, char *argv[]) {

    RInside R(argc, argv);

    double d1 = 1.234;          // double 类型的标量
    R["d1"] = d1;

    std::vector<double> d2;     // double 类型的向量
    d2.push_back(1.23);
    d2.push_back(4.56);
    R["d2"] = d2;

    std::map< std::string, double > d3; // map
    d3["a"] = 7.89;
    d3["b"] = 7.07;
    R["d3"] = d3;

    std::list< double > d4;      // double 类型的列表
    d4.push_back(1.11);
    d4.push_back(4.44);
    R["d4"] = d4;

    std::string txt =            // 在 R 中进行访问
        "cat('\nd1=', d1, '\n'); print(class(d1));"
        "cat('\nd2=\n'); print(d2); print(class(d2));"
        "cat('\nd3=\n'); print(d3); print(class(d3));"
        "cat('\nd4=\n'); print(d4); print(class(d4));";

    R.parseEvalQ(txt);

    exit(0);
```

```
}
```

代码 9.4 RInside 示例二：数据传输

这个示例分别展示了如何传递一个双精度浮点数标量，已经包含浮点数的 vector、map 和 list 等 STL 容器。整型、字符和逻辑值也可以相应地被传递。

9.4 示例三：对 R 表达式求值

第三个示例（基于 `rinside_sample7.cpp`），其展示了从 R 中的一个常规求值（和示例一中的 “quiet” 求值相对）中获取结果也是非常简单明了的。由于 **Rcpp** 已经处理了所有的转换工作，我们可以在 C++ 端使用 C++ 输出操作符来展示结果。

```
#include <RInside.h>

int main(int argc, char *argv[]) {

    RInside R(argc, argv);

    // 赋值可以直接通过 [] 完成
    R["x"] = 10 ;
    R["y"] = 20 ;

    // R 语句求值与结果
    R.parseEvalQ("z <- x + y");

    // 通过使用 [] 取回值和隐式的封装器
    int sum = R["z"];
    std::cout << "10 + 20 = " << sum << std::endl ;

    // 我们也可以直接返回结果
    sum = R.parseEval("x + y") ;
    std::cout << "10 + 20 = " << sum << std::endl ;
```

```
21
22     exit(0);
23 }
```

代码 9.5 RInside 示例三：R 表达式求值

第三个示例只简单地展示了标量的传递。然而，更大的复杂对象也可以通过隐式地使用 `wrap()` 来返回。

最后一个很重要的方面，R 中任何一个表达式都可以表示成一个 SEXP 对象。由于 **Rcpp** 中的 `as<>()` 和 `wrap()` 函数，SEXP 对象可以在 R 和 C++ 之间方便地传输。通过简单使用这些依赖于 **Rcpp** 中模板化代码的机制，我们实际上有了一个可以用于传递向量、矩阵、数据框、列表，以及这些数据结构的组合的、通用且可扩展的方法。

9.5 示例四：C++ 通过 R 作图

RInside 的第四个示例基于 `rinside_example8.cpp`。展示了可以在 C++ 函数中调用 R 中的 `plot()` 函数。

```
1  #include <RInside.h>
2  #include <unistd.h>
3
4  int main(int argc, char *argv[]) {
5
6      // 创建一个嵌入的 R 实例
7      RInside R(argc, argv);
8
9      // 对含有 curve() 的 R 表达式求值
10     // 因为 RInside 默认 interactive=false , 我们使用一个文件
11     std::string cmd = "tmpf <- tempfile('curve'); "
12         "png(tmpf); "
13         "curve(x^2, -10, 10, 200); "
14         "dev.off();"
15         "tmpf";
16     // 我们取回了最后一个赋值，这里是文件名
```

```
17      std::string tmpfile = R.parseEval(cmd);
18
19      std::cout<< "Could now use plot in " << tmpfile << std::endl;
20      unlink(tmpfile.c_str());            // 清理工作
21
22      // 或者通过强制显示来在屏幕上作图
23      cmd = "x11(); curve(x^2, -10, 10, 200); Sys.sleep(30);";
24      R.parseEvalQ(cmd);          // parseEvalQ 在没有赋值下进行求值
25
26      exit(0);
27  }
```

代码 9.6 RInside 示例四：C++ 通过 R 作图

很少的几句 R 语句就选择了一个临时文件作为 PNG 文件，之后绘制了一个简单的曲线。这里，我们移除了临时文件，但文件名和路径是可以传递给其他函数用于展现的。

为了展示的完整性，我们也在一个常规的图形设配上作图。这里假设了这个设配可以在常规的交互状态下打开。就像这个示例所展现的，嵌入的 R 实例可以和一个交互的 R 环境运行同样的命令。

9.6 示例五：在 MPI 中使用 RInside

除了 example/standard 中包含的前面已经讨论过的示例，**RInside** 中还含有 example/mpi 文件夹用于展示如何在 MPI（Message Passing Interface，信息传递接口）中使用 R 和 **Rcpp**。MPI 是一个在科学计算中大量使用的成熟的软件库，它使得计算机所构成的集群可以在编程问题上同步工作。关于 MPI 系统的详细讨论超出了本章的范围，大家可以参考已有的文献 (Gropp et al., 1996, 1999)。

下面的 rinside_mpi_sample2.cpp 是一个很简单的示例，基于 Jianping Hua 早期所提供的使用 C 版本 MPI 标准的示例。我们将其升级到了 C++ 版本的 MPI API；两个版本的 API 也非常接近。

```
1  #include <mpi.h>      // mpi 头文件
2  #include <RInside.h> // 通过 RInside 嵌入 R
```

```
3
4 int main(int argc, char *argv[]) {
5
6     // mpi 初始化
7     MPI::Init(argc, argv);
8     // 获取当前节点的 rank 值和正在运行的节点总数
9     int myrank = MPI::COMM_WORLD.Get_rank();
10    int nodesize = MPI::COMM_WORLD.Get_size();
11
12    // 创建一个嵌入的 R 实例
13    RInside R(argc, argv);
14
15    std::stringstream txt;
16    // 节点信息
17    txt << "Hello from node " << myrank
18             << " of " << nodesize << " nodes!" << std::endl;
19    // 将一个字符串变量赋值给一个 R 变量 'txt'
20    R.assign( txt.str(), "txt");
21
22    // 显示节点信息
23    std::string evalstr = "cat(txt)";
24    // 对字符串进行求值，并忽略返回信息
25    R.parseEvalQ(evalstr);
26
27    // mpi 结束
28    MPI::Finalize();
29    exit(0);
30 }
```

代码 9.7 RInside 示例五：使用 MPI 进行并行计算

这个程序只是简单显示了来自 MPI 集群中每个节点的 “Hello, World” 问候。构建时需要 MPI 的头文件和库文件，所提供的 `Makefile` 提供了 Open MPI 标准实现下所需的文件。大家也可以根据不同的本地部署进行改变。

文件夹下还有一个更加丰富的示例 `rinside_mpi_sample03.cpp` 展示了如何在 MPI 集群的每个节点上做一些简单计算。

9.7 其他示例

在 `examples/standard` 文件夹下还有一些大家可能感兴趣的示例。在示例中展示的主题有：

- 如何传递诸如矩阵的二维数据结构。
- 在 R 中运行一个回归分析，之后通过 C++ 展示结果，也就是说如何将 R 语言作为 C++ 程序的后台来使用。
- 受邮件列表讨论所启发的一个很小的证券管理应用。
- 对逻辑值、列表的转换示例，以及对环境变量的测试。
- 一个展示如何在 **RInside** 中使用 Rcpp module 的示例。

在 `examples/qt` 文件夹下的示例展示了如何将 R 嵌入 **Qt** 这一强大而流行的跨平台工具，特别是一个图形用户界面（GUI）程序（见图 9.1）.

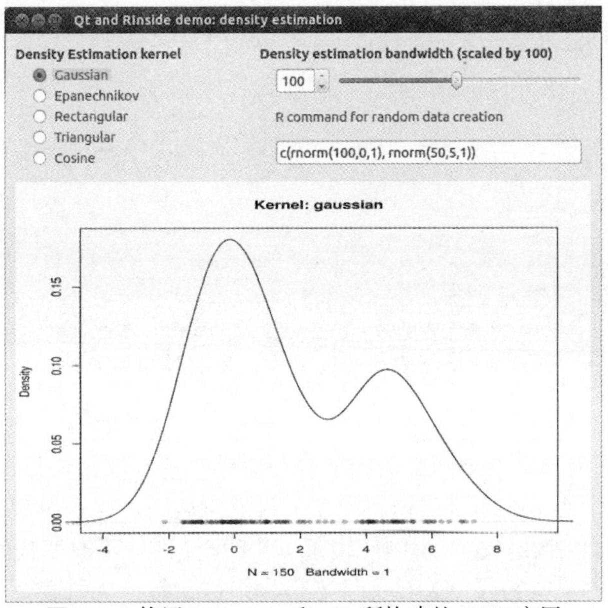

图 9.1 使用 **RInside** 和 Qt 所构建的 GUI 应用

这个示例相当的简单直接。在给定一个混合分布（用户可以设置参数和函数形式）的情况下，核函数和参数的选择会直接影响密度估计的结果。这为交互式地实验各种不同的选择提供了机会。GUI 工具箱中所谓的“组件（widget）”会返回各种参数。核函数以及带宽的选择是整型。用于生产数据集的 R 表达式是一个字符串。这些参数都通过已经讨论过的 **Rcpp** 中的机制简单地传递给 R。

之后，我们在 R 中得到一个更新的图形文件，并使得 GUI 工具集更新显示。程序的剩余部分，大约 200 行左右，主要是用于构建 GUI 程序、布置组件位置和组织回调事件。正是由于有了 **RInside**，使得向程序中添加 R 脚本变得非常简单直接。

类似地，在 `examples/wt` 文件夹中的示例展示了如何通过使用 **Wt**（“web toolkit”）库来实现相对应的一个网页应用。和网络相关的各方面编程都由 **Wt** 负责，并且提供了一个整合的 web 服务器，处理来自客户端的请求，选择最佳的通信协议（见图 9.2）。

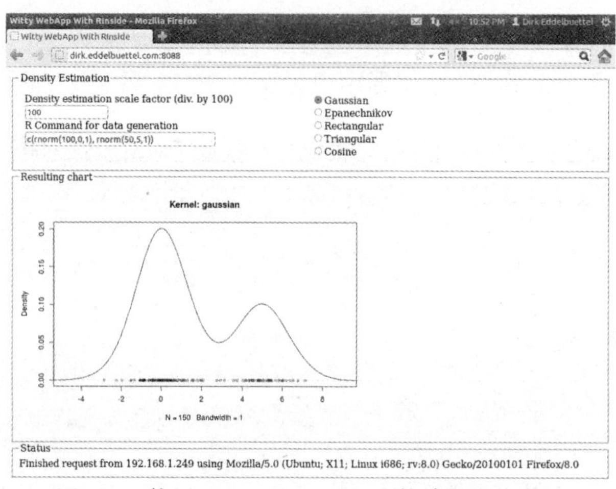

图 9.2 使用 **RInside** 和 wt 所构建的网络应用

由于 **Wt** 负责了整个网络通信的各个方面，这个网络应用的示例和 GUI 程序非常类似。和 **Qt** 示例类似，程序员只需要从用户接受参数选择，并更新相应的密度估计结果。这个示例使用了 CSS 来允许在不改变代码逻辑的情况下改变显示，并且支持了 XML 文件来包含组件标签，从而使得可以在不重新构建项目的情况下改变描述性文字。

第 10 章　RcppArmadillo

章节摘要　**RcppArmadillo** 扩展包实现了一个简单易用的 **Armadillo** 库接口。**Armadillo** 是一个非常优秀、现代、高级的 C++ 库，它致力于在和脚本语言一样具有表达力的同时，又通过使用包括模板宏编程在内的现代 C++ 设计来提供高效的代码。基于 **Rcpp** 简洁的接口，**RcppArmadillo** 为 R 环境带来了这些特性。这个章节介绍 **RcppArmadillo**，首先提供了一个使用更快速的替代函数来完成线性模型的示例，之后详细讨论了如何在 **RcppArmadillo** 中实现卡尔曼滤波。

10.1　概述

Armadillo (Sanderson, 2010)是一个着力于线性代数及其相关运算的现代 C++ 库。从它的主页上可以看到

> **Armadillo** 是一个致力于在易用性和高效率之间寻找恰当平衡的现代 C++ 线性代数库。其语法被特意设置为和 Matlab 近似。整数、浮点数、复数、三角函数和统计函数的一部分，都在支持的范围之内。其提供了各种矩阵分解[……]。
>
> 通过（在编译时）使用一种延迟求值的方法，多种操作被整合为一个，从而减少（或消除）对临时文件的需求。这是通过递归模板和模板元编程来自动实现的。
>
> 如果出于速度或整合能力的原因，或二者兼有，决定选择使用 C++，那么该库是十分有用的 [……]。

其特点可以从 **Armadillo** 网站上的一个简单例子中体现出来（为了和本书其他部分风格一致，这里做了少许改动）。

```
#include <iostream>
```

```
2  #include <armadillo>
3
4  using namespace std;
5  using namespace arma;
6
7  int main(int argc, char** argv) {
8      mat A = randn<mat>(4,5);
9      mat B = randn<mat>(4,5);
10     cout << A * trans(B) << endl;
11     return 0;
12 }
```

代码 10.1 一个简单的 **Armadillo** 示例

标准输入输出流和 **Armadillo** 自身的头文件都被包含进来以提供所需的函数声明。之后两个大小为 4×5 的 **Armadillo** 矩阵 $\boldsymbol{A}$ 和 $\boldsymbol{B}$，被由 $N(0,1)$ 分布生成的随机数所填充。其中 `randn()` 函数被模板化以适应矩阵的类型。最后，$\boldsymbol{A}$ 和 $\boldsymbol{B}$ 的转置相乘生成一个 $4{\times}4$ 的矩阵，结果被打印到标准输出中。

这段代码可读性非常高，而且容易学习。这一部分原因在于引入了 `std` 和 `arma` 两个全局命名空间，从而简化了函数和类名。另一部分原因在于使用了 `trans(B)` 这一有意义的标示符来表示转置（使用 `B.t()` 也被支持），和使用了 `mat` 来表示默认的矩阵类型。这事实上是一个用 `typedef` 定义的 `Mat<double>`，一个用于标准浮点数类型矩阵的模板[①]。也有用于其他类型，诸如整型、无符号整型和复数的矩阵和向量类型。

正如其文档所示，**Armadillo** 支持了大量的函数。由于其中的许多函数在 R 中也存在，这就使得 **Armadillo** 成为想在 C++ 层面对 R 进行扩展的 C++ 程序员很有吸引力的选择。其实，这也是 **Armadillo** 最吸引人的地方：简单易用、特性完备、具有良好支持的现代 C++ 线性代数库。**RcppArmadillo** 扩展包 (Eddelbuettel et al., 2012)使用了 **Rcpp** 所提供的机制将其和 R 进行了整合。

[①] **Armadillo** 库中，矩阵的最基础类型是 `Mat<type>`，为了方便起见，通过 `typedef` 将 `Mat<double>` 定义成立了 `mat`。——译者注

10.2 动机：FastLm

10.2.1 实现

线性模型拟合是数据分析中非常基础的一步。这可以通过 R 中的 lm() 函数来实现，其提供了大量的额外功能，另外还有更加强大的 lm.fit() 函数。

下面我们展示了 **RcppArmadillo** 扩展包下 src 文件夹中的 fastLm.cpp 的完整代码，其提供了一个更快的替代函数，更加适合于在大型的模拟中使用。

```
extern "C" SEXP fastLm(SEXP ys, SEXP Xs) {

  try {
    // 重用原始内存的 Rcpp 和 arma 结构
    Rcpp::NumericVector yr(ys);
    Rcpp::NumericMatrix Xr(Xs);
    int n = Xr.nrow(), k = Xr.ncol();
    arma::mat X(Xr.begin(), n, k, false);
    arma::colvec y(yr.begin(), yr.size(), false);
    int df = n - k;

    // 拟合 y ~ X 模型，计算残差
    arma::colvec coef = arma::solve(X, y);
    arma::colvec res = y - X*coef;
    double s2 = std::inner_product(res.begin(), res.end(),
                                   res.begin(), 0.0)/df;
    // 相关系数的标准差
    arma::colvec sderr = arma::sqrt(s2 *
      arma::diagvec(arma::pinv(arma::trans(X)*X)));

    return Rcpp::List::create(Rcpp::Named("coefficients")=coef,
                              Rcpp::Named("stderr") =sderr,
                              Rcpp::Named("df") =df);

```

```
25    } catch( std::exception &ex ) {
26       forward_exception_to_r( ex );
27    } catch(...) {
28       ::Rf_error( "c++ exception (unknown reason)" );
29    }
30    return R_NilValue; // -Wall
31 }
```

代码 10.2 使用 **RcppArmadillo** 的 FastLm 函数

正如示例所示，**Armadillo** 允许我们写相当紧凑的代码：

1. 我们实例化了一个 **Rcpp** 对象以用于模型中的矩阵及其相关变量；这些都是轻量级的代理对象（proxy object），并没有数据被拷贝。
2. 通过使用 **Rcpp** 类型中的维度信息和指向数据起始的迭代器，向量 $\boldsymbol{y}$ 和矩阵 $\boldsymbol{X}$ 被初始化成 arma 向量和矩阵。这里仍然不需要显式的内存分配。
3. 模型 $\boldsymbol{y} \sim \boldsymbol{X}$ 的拟合通过一条 solve() 语句来完成,同时 计算了残差 $\boldsymbol{y}-\boldsymbol{X}\hat{\beta}$。
4. 感谢 STL 中的 inner_product 函数，我们类似地通过一条语句来计算残差平方和，之后结果再除以自由度 $n-k$。
5. 标准差的估计通过提取 $(\boldsymbol{X}'\boldsymbol{X})^{-1}$ 对角线的平方根，并乘以残差平方和得到。
6. 我们需要另外一条语句来创建命名过的作为返回值的列表结构。
7. 异常的控制由一个简单明了的 try/catch 语句块完成。这里通过一个辅助函数将可识别的异常返回给 R，或者在遇到无法识别的异常时显示默认的文本内容。

RcppArmadillo 扩展包提供两个不同的使用该函数的接口。比较简单的 fastLmPure() 函数仅仅传递了得到的向量和矩阵，并执行了回归操作，没有任何其他转换（但有对数据类型是否合适和维度的两个检验）。更高级别的 fastLm() 函数提供了使用常用公式的标准建模接口。

10.2.2 性能比较

正如前面一样，我们依赖于 **inline** 来编译、链接和载入前面的代码。这通过由 **RcppArmadillo** 提供的一个 plugin 来完成，**inline** 使用该 plugin 来决定构建时 R CMD COMPILE 和 R CMD SHLIB 所需的信息。

```
src <- '
    Rcpp::NumericMatrix Xr(Xs);
    Rcpp::NumericVector yr(ys);
    int n = Xr.nrow(), k = Xr.ncol();
    arma::mat X(Xr.begin(), n, k, false);
    arma::colvec y(yr.begin(), yr.size(), false);
    int df = n - k;
    // 拟合 y ~ X 模型，计算残差
    arma::colvec coef = arma::solve(X, y);
    arma::colvec res = y - X*coef;
    double s2 = std::inner_product(res.begin(), res.end(),
                                   res.begin(), 0.0)/df;
    // 相关系数的标准差
    arma::colvec sderr = arma::sqrt(s2 *
    arma::diagvec(arma::pinv(arma::trans(X)*X)));

    return Rcpp::List::create(Rcpp::Named("coefficients")=coef,
    Rcpp::Named("stderr") =sderr,
    Rcpp::Named("df") =df);
    '
fLm <- cxxfunction(signature(Xs="numeric", ys="numeric"),
                   src, plugin="RcppArmadillo")
```

代码 10.3 没有公式接口的基础 `fLm` 函数

我们也可以对这些方法进行计时并比较。和前面一样，我们使用 **rbenchmark** 扩展包 (Kusnierczyk, 2012)。**rbenchmark** 里有一个 `benchmark()` 函数，可以使得类似的计时比较非常直观。我们使用 `trees` 数据集，这也是原始的 `lm()` 函数的帮助页面里的示例。我们将三个方法都重复了 1000 次来比较线性拟合的计算时间。

作为一个中间方法，我们同时使用了 **RcppArmadillo** 中实现的 `fastLmPure()` 函数和这个刚刚使用的更简单的 `fastLmPure2()`。由于直接操作于矩阵和向量，而不是一个模型公式，`fastLmPure()` 可以看做和 `lm.fit()` 等价，其定义如下：

```
fastLmPure <- function(X, y) {
        stopifnot(is.matrix(X))
        stopifnot(nrow(y)==nrow(X))
        .Call("fastLm", X, y, PACKAGE = "RcppArmadillo")
}
```

代码 10.4 没有公式接口的基础 R 函数 fastLmPure()

在函数 fastLmPure2() 中我们移除了用于合适类型和维度的 stopifnot 检验。这只是为了性能检测，在生产级代码中不推荐这么做。

有了这些函数，一个小型的性能对比可以如下进行：

```
R> y <- log(trees$Volume)
R> X <- cbind(1, log(trees$Girth))
R> frm <- formula(log(Volume) ~ log(Girth))
R> benchmark(fLm(X, y),
+           fastLmPure(X, y),
+           fastLmPure2(X, y),
+           fastLm(frm, data=trees),
+           columns = c("test", "replications",
+                       "elapsed", "relative"),
+           order="relative",
+           replications=1000)

                       test replications elapsed  relative
1                 fLm(X, y)         1000   0.034  1.000000
3         fastLmPure2(X, y)         1000   0.040  1.176471
2          fastLmPure(X, y)         1000   0.081  2.382353
5              lm.fit(X, y)         1000   0.136  4.000000
4 fastLm(frm, data = trees)         1000   1.414 41.588235
```

代码 10.5 FastLm 性能比较

由于数据集非常小，执行回归操作的开销很小。所以，一些很小的代码差异，比如对数据类型和维度的检验（fastLmPure() 中有，但 fastLmPure2() 中没有）会对性能有相当的影响。这里值得注意的是，通过调用 cxxfunction() 而实现起来最简短的 fLm() 所需的计算时间非常短。

更戏剧性的差别在于 **RcppArmadillo** 提供的公式接口和更直接的实现之间。解析公式和设置模型矩阵需要额外的函数调用，从而在数据集较小时对性能有很大影响。同时我们看到，直接连接目标代码及其指针的 `fLm()` 远远快于通过 `.Call()` 函数从扩展包（这里是 **RcppArmadillo**）中调用代码的最简单实现。然而，这个不大的差别还是小于 `fastLmPure()` 中（强烈推荐的）对合适类型和维度检验的开销。

总体来说，这个例子还是很鼓舞人心的。我们可以通过使用 **inline** 在 34 毫秒的时间内运行 1000 次简单的回归函数。**RcppArmadillo** 中 `fastLmPure()` 的原始实现花费了稍长的时间，81 毫秒。在将 `fastLmPure()` 简化到仅仅使用 `.Call()` 调用后，运行时间大约比 `fLm()` 慢了不到 20%，这暗示了 `.Call()` 接口中虽然不大但值得注意的开销。

10.2.3 一个警告

使用 **Armadillo** 对 `lm()` 的重新实现可以作为一个有用的例子，用于展示如何添加实现了线性代数操作的 C++ 代码。然而，在数值计算和统计计算之间有一个很重要的差别。**RcppArmadillo** 中的 `fastLm` 帮助页面有一个特别说明。

这里使用了一个手动生成的数据，提供了一个含有缺失值的不满秩的矩阵。这种情况下，需要一个特殊的求主元方案，“pivot only on (apparent) rank deficiency”，R 通过对 **Linpack** 库进行定制提供该方案[②]。这提供了合适的统计计算方法，但在诸如 **Armadillo** 的传统线性代数库里并不含有类似的方法。

```
R> ## fastLm 出错的情况
R> dd <- data.frame(f1 = gl(4, 6, labels=LETTERS[1:4]),
+                   f2 = gl(3, 2, labels=letters[1:3]))[-(7:8),]
R> xtabs(~ f2 + f1, dd) # 一个缺失值
   f1
f2  A B C D
  a 2 0 2 2
  b 2 2 2 2
  c 2 2 2 2
```

[②] Armadillo 对 `lm()` 重新实现的背后依赖于 QR 分解，传统数值计算库通过列主元的方法来处理不满秩矩阵的 QR 分解，以提高数值精度和速度。R 选择了删除不满秩矩阵中的若干列以保障结果的统计意义，而这其中涉及对矩阵是否满秩的检查和求主元的过程。——译者注

```
10 R> mm <- model.matrix(~ f1 * f2, dd)
11 R> kappa(mm) # 很大，暗示了矩阵不满秩
12 [1] 4.30923e+16
13 R> set.seed(1)
14 R> dd[,"y"] <- mm %*% seq_len(ncol(mm)) +
15 +                       rnorm(nrow(mm), sd = 0.1)
16 R> summary(lm(y ~ f1 * f2, dd)) # 检查是否满秩
17 Call:
18 lm(formula = y ~ f1 *f2, data = dd)
19 
20 Residuals:
21    Min     1Q Median    3Q   Max
22 -0.122 -0.047  0.000 0.047 0.122
23 
24 Coefficients: (1 not defined because of singularities)
25             Estimate Std. Error t value Pr(>|t|)
26 (Intercept)   0.9779     0.0582    16.8  3.4e-09 ***
27 f1B          12.0381     0.0823   146.3  < 2e-16 ***
28 f1C           3.1172     0.0823    37.9  5.2e-13 ***
29 f1D           4.0685     0.0823    49.5  2.8e-14 ***
30 f2b           5.0601     0.0823    61.5  2.6e-15 ***
31 f2c           5.9976     0.0823    72.9  4.0e-16 ***
32 f1B:f2b      -3.0148     0.1163   -25.9  3.3e-11 ***
33 f1C:f2b       7.7030     0.1163    66.2  1.2e-15 ***
34 f1D:f2b       8.9643     0.1163    77.1  < 2e-16 ***
35 f1B:f2c           NA         NA      NA       NA
36 f1C:f2c      10.9613     0.1163    94.2  < 2e-16 ***
37 f1D:f2c      12.0411     0.1163   103.5  < 2e-16 ***
38 ---
39 Signif. codes:  0 '***' 0.001 '**' 0.01 '*' 0.05 '.' 0.1 ' '1
40 
41 Residual standard error: 0.0823 on 11 degrees of freedom
42 Multiple R-squared: 1, Adjusted R-squared: 1
43 F-statistic: 1.86e+04 on 10 and 11 DF, p-value: <2e-16
```

```
44
45 R> summary(fastLm(y ~ f1 * f2, dd)) # 非常大的相关系数
46 Call:
47 fastLm.formula(formula = y ~ f1 *f2, data = dd)
48
49               Estimate     StdErr    t.value   p.value
50 (Intercept)  2.384e-01  5.091e-01  4.680e-01  0.649605
51 f1B          5.165e+15  3.394e-01  1.522e+16   < 2e-16 ***
52 f1C          3.728e+00  7.200e-01  5.177e+00  0.000415 ***
53 f1D          4.697e+00  7.200e-01  6.523e+00  6.70e-05 ***
54 f2b          5.752e+00  7.200e-01  7.989e+00  1.19e-05 ***
55 f2c          6.632e+00  7.200e-01  9.211e+00  3.36e-06 ***
56 f1B:f2b     -5.165e+15  5.366e-01 -9.625e+15   < 2e-16 ***
57 f1C:f2b      7.000e+00  1.018e+00  6.875e+00  4.32e-05 ***
58 f1D:f2b      8.262e+00  1.018e+00  8.114e+00  1.04e-05 ***
59 f1B:f2c     -5.165e+15  5.366e-01 -9.625e+15   < 2e-16 ***
60 f1C:f2c      1.027e+01  1.018e+00  1.009e+01  1.46e-06 ***
61 f1D:f2c      1.131e+01  1.018e+00  1.111e+01  6.02e-07 ***
62 ---
63 Signif. codes: 0 '***' 0.001 '**' 0.01 '*' 0.05 '.' 0.1 ' '1
64 Multiple R-squared: 0.996, Adjusted R-squared: 0.993
```

代码 10.6 不满秩的设计矩阵示例

从数据列表中可以看出模型矩阵不是满秩的，`lm()` 函数正确地检测到了这一点。相应的迭代参数被设为了 0；其他的系数都很合理。这是通过 R 基于 **Linpack** 库所定制的求主元方案实现的，而不是标准的数值计算方法。相比较更快重实现中 **Armadillo** 所调用的 QR 分解中优化过 **BLAS** 3 级规范，上述方法肯定要慢。

同时我们这个快速实现没有通过计算条件数 κ 来显式检测矩阵是否满秩。模型拟合是通过标准的数值计算方法来执行的，随之而来的就是一个有偏的系数。可以说，安安静静地返回一个错误结果，比直接的运行失败要有害得多。这说明，在一些情况下，出于计算结果的稳定性，直接使用 `lm()`（或至少使用 `lm.fit()`）所带来性能代价是可以承受的。再者说，现有计算结构下的浮

点数精度已经足够高了，所以实践中这种情况非常少。我们承认这个例子多少是刻意编出来的，但也提供了一个有用的提示。

10.3 案例学习：使用 RcppArmadillo 实现卡尔曼滤波

Armadillo 库在设计良好的现代 C++ 框架下提供了常见的线性代数操作。这允许我们编写优雅简洁又非常高效的代码。

Armadillo 的另一特点在于，它致力于让熟悉 Matlab/Octave 矩阵语言的程序员可以很容易地开始使用 **Armadillo**。为了展示这一点，我们将讨论另一个例子。这个例子是由一个关于使用 Matlab 进行卡尔曼滤波估计，并将代码转换成 C++ 的讨论所启发的。尽管 R 没有类似可以将 R 代码自动转换成 C 或 C++ 的工具，然而我们可以通过 **RcppArmdillo** 来使用 **Armadillo** 从而达到相当的目的。

网页`http://www.mathworks.com/products/matlab-coder/demos.html` 列出了这个（商业版）代码转换器的一些案例，里面包括一个卡尔曼滤波。其详细描述了原本的滤波器，包括一个示范的数据集，以及如何从最初的脚本到自动生成的 C 代码。

```
% Copyright 2010 The MathWorks, Inc.
function y = kalmanfilter(z)
%#codegen
dt=1;
% Initialize state transition matrix
A=[ 1 0 dt 0 0 0;... %[x ]
    0 1 0 dt 0 0;... %[y ]
    0 0 1 0 dt 0;... % [Vx]
    0 0 0 1 0 dt;... % [Vy]
    0 0 0 0 1 0 ;... % [Ax]
    0 0 0 0 0 1]; % [Ay]
H=[100000;010000]; % Initialize measurement matrix
Q = eye(6);
R = 1000 * eye(2);
```

```
persistent x_est p_est % Initial state conditions
if isempty(x_est)
    x_est = zeros(6, 1); %x_est=[x,y,Vx,Vy,Ax,Ay]'
    p_est = zeros(6, 6);
end
% Predicted state and covariance
x_prd = A* x_est;
p_prd = A* p_est * A' + Q;
% Estimation
S = H* p_prd' * H' + R;
B = H* p_prd';
klm_gain = (S \ B)';
% Estimated state and covariance
x_est = x_prd + klm_gain * (z-H* x_prd);
p_est = p_prd - klm_gain * H *p_prd;
% Compute the estimated measurements
y = H * x_est;
end % of the function
```

代码 10.7 Matlab 中的基础卡尔曼滤波

下面的 R 代码重新实现了基础的线性卡尔曼滤波。

```
FirstKalmanR <- function(pos) {
    kalmanfilter <- function(z) {
        dt <- 1
        A <- matrix( c( 1, 0, dt, 0, 0, 0, #x
                       0, 1, 0, dt, 0, 0, #y
                       0, 0, 1, 0, dt, 0, #Vx
                       0, 0, 0, 1, 0, dt, #Vy
                       0, 0, 0, 0, 1, 0, #Ax
                       0, 0, 0, 0, 0, 1), #Ay
                    6, 6, byrow=TRUE)
        H <- matrix( c(1, 0, 0, 0, 0, 0, 0, 1, 0, 0, 0, 0),
                    2, 6, byrow=TRUE)
```

```
13        Q <- diag(6)
14        R <- 1000 * diag(2)
15        N <- nrow(pos)
16        y <- matrix(NA, N, 2)
17        ## 状态和协方差预测
18        xprd <- A %*% xest
19        pprd <- A %*% pest %*%t(A)+Q
20        ## 估计
21        S <- H %*% t(pprd) %*%t(H)+R
22        B <- H %*% t(pprd)
23        kalmangain <- t(solve(S, B))
24        ## 将状态和协方差预测赋值到循环外变量
25        xest <<- xprd + kalmangain %*% (z-H %*% xprd)
26        pest <<- pprd - kalmangain %*% H %*% pprd
27        ## 计算估计值
28        y <- H %*% xest
29    }
30    xest <- matrix(0, 6, 1)
31    pest <- matrix(0, 6, 6)
32    for (i in 1:N) {
33        y[i,] <- kalmanfilter(t(pos[i,,drop=FALSE]))
34    }
35    invisible(y)
36 }
```

代码 10.8 R 中的基础卡尔曼滤波

这个 Matlab 示例中的 xest 和 pest 使用了 “persistent” 变量（类似 C++ 中的 “static”）。这里我们使用了 R 中不同的语法[3]来在函数中定义这些变量。除此之外，代码和原始示例非常相似。图 10.1 展示了对象轨迹及由卡尔曼滤波器提供的估计值。

我们可以把从对 dt 赋值到初始值设置，这些用于生成变量的代码封装进一个函数，从而得到一个不甚显著的提高。

[3] 这里指使用 <<- 来对全局变量赋值。——译者注

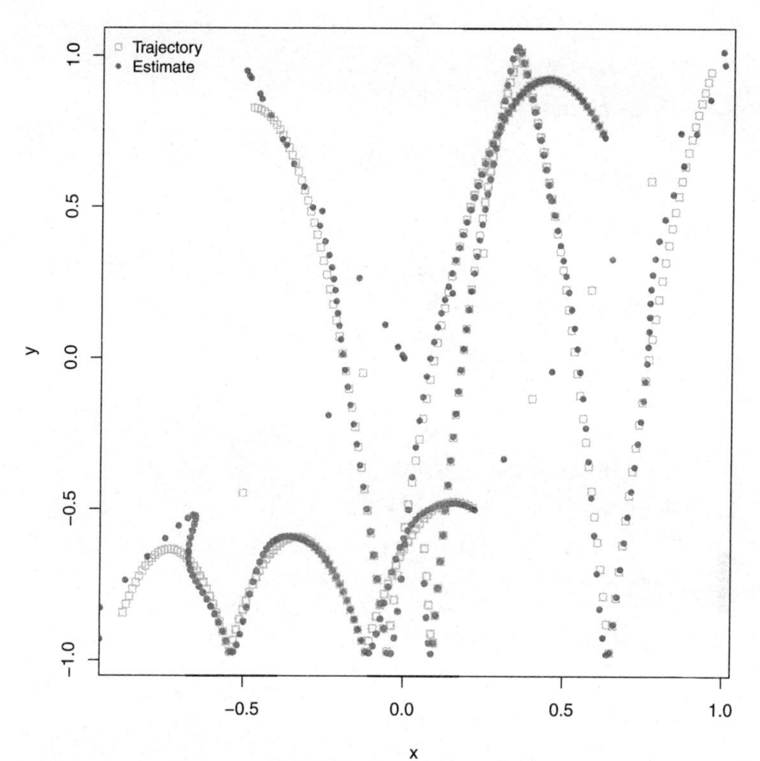

图 10.1 对象轨迹和卡尔曼滤波估计

```
KalmanR <- function(pos) {
    kalmanfilter <- function(z) {
        ## 状态和协方差预测
        xprd <- A %*% xest
        pprd <- A %*% pest %*% t(A) + Q
        ## 估计
        S <- H %*% t(pprd) %*% t(H) + R
        B <- H %*% t(pprd)
        ## kalmangain <- (S \ B)'
        kalmangain <- t(solve(S, B))
        ## 将状态和协方差预测赋值给全局变量
        xest <<- xprd + kalmangain %*% (z - H %*% xprd)
```

```
13        pest <<- pprd - kalmangain %*% H %*% pprd
14        ## 计算估计值
15        y <- H %*% xest
16    }
17    dt <- 1
18    A <- matrix( c( 1, 0, dt, 0, 0, 0, #x
19                    0, 1, 0, dt, 0, 0, #y
20                    0, 0, 1, 0, dt, 0, #Vx
21                    0, 0, 0, 1, 0, dt, #Vy
22                    0, 0, 0, 0, 1, 0, #Ax
23                    0, 0, 0, 0, 0, 1), #Ay
24                 6, 6, byrow=TRUE)
25    H <- matrix( c(1, 0, 0, 0, 0, 0, 0, 1, 0, 0, 0, 0),
26                2, 6, byrow=TRUE)
27    Q <- diag(6)
28    R <- 1000 *diag(2)
29    N <- nrow(pos)
30    y <- matrix(NA, N, 2)
31    xest <- matrix(0, 6, 1)
32    pest <- matrix(0, 6, 6)
33    for (i in 1:N) {
34        y[i,] <- kalmanfilter(t(pos[i,,drop=FALSE]))
35    }
36    invisible(y)
37 }
```

代码 10.9 R 中的基础卡尔曼滤波

当我们用 C++ 重新实现的时候，遵循代码 10.8 中第一个例子的结构会是我们的首选。然而，正如代码 10.9 中通过首先找出在给定的观测下不变的变量的赋值来进行优化，我们可以在 C++ 中使用面向对象编程的基本原则完成类似的操作。通过创建一个卡尔曼滤波类，我们在类似的构造函数中实例化了这些常量变量，并保证其只被执行一次。在 R 函数 `kalmanfilter` 中得到的真正的估计值，可以作为类的一个成员变量进行计算。

```
1
2 using namespace arma;
3
4 class Kalman {
5 private:
6     mat A, H, Q, R, xest, pest;
7     double dt;
8
9 public:
10    // 构造函数，设置数据结构
11    Kalman() : dt(1.0) {
12        A.eye(6,6);
13        A(0,2) = A(1,3) = A(2,4) = A(3,5) = dt;
14        H.zeros(2,6);
15        H(0,0) = H(1,1) = 1.0;
16
17        Q.eye(6,6);
18        R = 1000 *eye(2,2);
19
20        xest.zeros(6,1);
21        pest.zeros(6,6);
22    }
23
24    // 单一的成员函数，用于模型估计
25    mat estimate(const mat & Z) {
26
27        unsigned int n = Z.n_rows, k = Z.n_cols;
28        mat Y = zeros(n, k);
29        mat xprd, pprd, S, B, kalmangain;
30        colvec z, y;
31
32        for (unsigned inti=0;i<n;i++){
33            colvec z = Z.row(i).t();
34
```

```
35            // 预测状态和协方差
36            xprd = A * xest;
37            pprd = A * pest * A.t() + Q;
38
39            // 估计
40            S = H * pprd.t() * H.t() + R;
41            B = H * pprd.t();
42
43            // kalmangain = t(S \ B)
44            kalmangain = trans(solve(S, B));
45
46            // 估计状态和协方差
47            xest = xprd + kalmangain * (z-H* xprd);
48            pest = pprd - kalmangain * H* pprd;
49
50            // 计算估计
51            y = H * xest;
52
53            Y.row(i) = y.t();
54        }
55        return Y;
56    }
57 };
```

代码 10.10 C++ 中使用 **Armadillo** 的基础卡尔曼滤波类

代码本身和原本的 Matlab 非常相似，甚至可以说一眼看上去比 R 代码更容易理解。一个简单的 * 被用于矩阵或向量相乘，我可以使用 C++ 来为诸如矩阵或向量类型重载这些运算符，这比 R 中的 %*% 操作符更简洁。

代码 10.10 可以被复制给一个变量 kalmanClass 用于包含文本，之后我们可以使用 cxxfunction 通过一个很简单的函数体再生成函数：

```
1 kalmanSrc <- '
2     mat Z = as<mat>(ZS); // passed from R
3     Kalman K;
```

```
4      mat Y = K.estimate(Z);
5      return wrap(Y);
6  '
7  KalmanCpp <- cxxfunction(signature(ZS="numeric"),
8                           body=kalmanSrc,
9                           include=kalmanClass,
10                          plugin="RcppArmadillo")
```

代码 10.11 C++ 中的基础卡尔曼滤波函数

在有了两个 R 版本和这个 C++ 版本之后，我们首先判断这些不同实现的结果事实上是一致的（相同数值精度下），之后我们可以运行一个测试示例。

```
1  R> require(rbenchmark)
2  R> require(compiler)
3  R>
4  R> FirstKalmanRC <- cmpfun(FirstKalmanR)
5  R> KalmanRC <- cmpfun(KalmanR)
6  R>
7  R> stopifnot(identical(KalmanR(pos), KalmanRC(pos)),
8  +           all.equal(KalmanR(pos), KalmanCpp(pos)),
9  +           identical(FirstKalmanR(pos), FirstKalmanRC(pos)),
10 +           all.equal(KalmanR(pos), FirstKalmanR(pos)))
11 R>
12 R> res <- benchmark(KalmanR(pos),
13 +                  KalmanRC(pos),
14 +                  FirstKalmanR(pos),
15 +                  FirstKalmanRC(pos),
16 +                  KalmanCpp(pos),
17 +                  columns = c("test", "replications",
18 +                              "elapsed", "relative"),
19 +                  order="relative",
20 +                  replications=100)
21 R>
22 R> print(res)
```

```
23                  test replications elapsed relative
24 5     KalmanCpp(pos)          100   0.087   1.0000
25 2      KalmanRC(pos)          100   5.774  66.3678
26 1       KalmanR(pos)          100   6.448  74.1149
27 4 FirstKalmanRC(pos)          100   8.153  93.7126
28 3  FirstKalmanR(pos)          100   8.901 102.3103
```

代码 10.12 基础卡尔曼滤波的时间对比

运行时间的结果是非常让人满意的。和最基础的 R 实现相比，我们得到了大约 100 倍的运行时间提升。即使是经过字节编译的版本，也只比最基础的 R 版本快了大约百分之十，而 C++ 展示了超过 90 倍的提升。将不变的代码从估计函数中移出的简单操作让运行时间下降了约四分之一，这时的 C++ 代码大约比基本的 R 快 74 倍，比字节编译过的版本快 66 倍。

10.4 RcppArmadillo 和 Armadillo 之间的区别

一般来说，**RcppArmadillo** 和 **Armadillo** 并没有区别。**Armadillo** 实现的核心源代码被直接包含了进来，并没有改动。

Armadillo 被设计成一个可移植的、通用的 C++ 库，以期可以在各种编译器和操作系统上使用。在我们这里，为了实现 **RcppArmadillo**，我们有一个可预期并很狭义的设置。例如，我们知道无论何时只要使用 **Rcpp** 和 **RcppArmadillo**，那 R 一定被安装了。

这使得我们可以通过下面的定义来简化和标准化 **Armadillo** 的使用。这些定义被放在一个配置的头文件中，会在 **Armadillo** 自己的头文件被引入前引入：

```
1 #define ARMA_USE_LAPACK
2 #define ARMA_USE_BLAS
3 #define ARMA_HAVE_STD_ISFINITE
4 #define ARMA_HAVE_STD_ISINF
5 #define ARMA_HAVE_STD_ISNAN
6 #define ARMA_HAVE_STD_SNPRINTF
```

代码 10.13 RcppArmadillo 的标准定义

我们可以总是假定通过 R 安装了 **Lapack** 和 **BLAS**，因为 R 要么通过系统的 **BLAS** 和 **Lapack** 库构建，要么会提供自己的实现以供使用。类似地，我们也可以做一些关于 C 函数库是否完整的假设（尽管在 Solaris 平台上我们去除所有定义的值，在 64 位 Windows 仅仅去除了一个）。

两个额外的定义更针对 R。因为 R 为我们的统计计算提供了一个 “shell”，程序需要将他们的输出和使用自己缓冲的 R 相同步。如果使用了直接输出函数，诸如 `printf` 或 `puts`，或使用了 C++ 中的 `std::cout`，会发出警告。我们可以使用 R API 中的 `Rprintf` 用于标准输出，`REprintf` 用于错误信息。感谢一个补丁，**Rcpp** 现在可以在对 `Rprintf` 调用外封装一个特殊的输出设备 `Rcpp::Rcout`。通过定义 `ARMA_DEFAULT_OSTREAM`，**Armadillo** 产生的输出结果会和 R 的缓冲相同步。

```
// Rcpp 自己的 stream object 和 R 自身的 i/o 系统整合得很好
// 在 Armadillo 2.4.3 中，我们也可以使用这些 stream object
#if !defined(ARMA_DEFAULT_OSTREAM)
#define ARMA_DEFAULT_OSTREAM Rcpp::Rcout
#endif
// R 现在定义了 NDEBUG，这会抑制很多 Armadillo 中的测试活动
// 用户仍然可以在稍后重新定义，或者定义 ARMA_NO_DEBUG
#if defined(NDEBUG)
#undef NDEBUG
#endif
```

代码 10.14 RcppArmadillo 的标准定义

需要提及的一件事是 `NDEBUG` 的定义，在对 `assert` 的调用得到一个（逻辑上）假的结果时，这会抑制程序。由于 R 无法完成从一个子程序中退出，这完全是合理的。然而，作为副作用，这也可能关闭有用的检测。在 **Armadillo** 中，当 `NDEBUG` 被定义时，不进行向量和矩阵的边界检查。这在开发新代码时是不可取的，这也就是为什么这个定义从 **RcppArmadillo** 的头文件中去掉了。如果需要，用户仍可以定义它，或者定义 `ARMA_NO_DEBUG`。

第 11 章　RcppGSL

章节摘要　通过使用 **Rcpp** 扩展包中提供的机制，**RcppGSL** 扩展包提供了一个用于 GNU Scientific Library（或简称 **GSL**）中的数据结构和 R 之间简单易用的接口。**GSL** 是一个很著名的科学计算数值程序集合。由于提供了大量数学函数的标准 C 接口，其对 C 和 C++ 程序员特别有用。本章介绍了 **RcppGSL** 中的向量和矩阵类型，通过重写线性模型的示例来展现其使用，讨论了如何在其他扩展包中以及通过 **inline** 来使用 **RcppGSL**，最后提供了一个完整的应用示例。

11.1　简介

GNU Scientific Library，或称 **GSL**，是一个科学计算和数值分析的程序合集 (Galassi et al., 2010)。这是一个被严格开发和测试过的函数库，其支持了大量的科学计算和数值任务。**GSL** 支持的内容包括复数、多项式求根、特殊函数、向量和矩阵数据结构、排列数、组合数、排序、BLAS 支持、线性代数、快速傅里叶变换、特征值、随机数、数值积分、随机分布、准随机分布、蒙特卡罗、N 元组、微分公式、模拟退火、数值微分、插值、序列加速[1]、Chebyshev 逼近、求根、离散 Hankel 变换最小二乘拟合、最小化、物理常数、基本样条和小波函数。

GSL 对 C 编程的支持非常完善。**GSL** 本身是由 C 写的（和 R 一样）并提供了一个 C 语言的 API。很多脚本语言都有 **GSL** 库的接口；R 的 CRAN 网络上也有一个名为 **gsl** 的扩展包，为 R 用户提供了 **GSL** 中函数的接口。

[1] 这里指使用 Levin U 变换来加速数列收敛。——译者注

由于提供了一个 C 语言 API，在 C++ 中使用 **GSL** 也是没问题的，尽管没有一个专门的 C++ 实现[②]提供抽象层。

在众多数值运算库中，**GSL** 在某些程度上相当独特的。它提供相当宽泛的科学计算内容，在实现层面上相当严谨，并使用了开源协议发行，这也使得它的使用相当广泛。CRAN 上有很多扩展包直接使用了 **GSL** 库；（2012 年晚些时候）有 9 个扩展包依赖于 CRAN 上的 **gsl** 扩展包 (Hankin, 2011)，**gsl** 将 **GSL** 中的一部分引入了 R。这暗示了 **GSL** 在使用 C 或 C++ 解决应用问题的程序员中非常流行。

与此同时，**Rcpp** 扩展包提供了一个在 R 和底层的 C++（或 C）之间的更高级的抽象层。**Rcpp** 允许直接在 C++ 水平操作 R 对象，诸如向量、矩阵、列表、函数、环境变量等，减少了复杂而容易出错的参数传递和内存分配问题。它也允许了在 C++ 水平直接使用类似 R 中的紧凑的向量化表达式。

RcppGSL 扩展包致力于加强 R 和 **GSL** 之间的联系。它尝试通过 **GSL** 中常用的向量和矩阵数据结构来提供 **GSL** 函数的接口，同时又尽量靠近 R 程序员所熟悉的"一切都是对象"模型。

本章的其他部分分布如下。下一个小节会展示一个很有启发的使用 **GSL** 的快速线性模型拟合示例。后面的小节会讨论对 **GSL** 向量类型的支持，随后是针对矩阵的一个小节。最后我们以一个在 R 中使用 **GSL** 提供的 B-样条函数的案例结束本章。

11.2 动机：FastLm

正如在第 10 章中所讨论的，线性模型拟合是分析数据和模型构建中非常关键的一部分。R 有一个非常完备和特性丰富的函数 `lm()`。其提供了模型拟合以及一系列测量指标，可以直接得到，或者通过线性拟合对应的 `summary()` 方法。`lm.fit()` 函数同时提供了一个更快的候选方案（然而只推荐高级用户使用)，其只提供估计了很少的用于推断的统计量。这就导致有时用户需要一个同时具有速度和丰富特性的程序。

代码 11.1 中所示的 `fastLm` 提供了这样一个实现（其优于第 10 章里基于 **RcppArmadillo** 的实现）。它使用了 **GSL** 中的最小二乘拟合函数，从而提

[②] 多年以来，有很多 **GSL** 的 C++ 封装器被开发，然而没有一个达到了和 **GSL** 自身可比的完善程度。三个类似的封装库可以在 `http://cholm.home.cern.ch/cholm/misc/gslmm/`，`http://gslwrap.sourceforge.net/` 和`http://code.google.com/p/gslcpp/`找到。

供了一个将 **GSL** 和 R 整合的良好示例，也可以和第 10 章中基于 **Armadillo** 方案的直接对比。

```
#include <RcppGSL.h>
#include <gsl/gsl_multifit.h>
#include <cmath>
extern "C" SEXP fastLm(SEXP ys, SEXP Xs) {
  try {
    // 通过 SEXP 生成 gsl 数据结构
    RcppGSL::vector<double> y = ys;
    RcppGSL::matrix<double> X = Xs;
    int n = X.nrow(), k = X.ncol();
    double chisq;
    RcppGSL::vector<double> coef(k);  // 系数向量
    RcppGSL::matrix<double> cov(k,k); // 协方差矩阵
    // 我们分配和释放的真正拥有拟合回归的工作内存
    gsl_multifit_linear_workspace *work =
                            gsl_multifit_linear_alloc (n, k);
    gsl_multifit_linear (X, y, coef, cov, &chisq, work);
    gsl_multifit_linear_free (work);
    // 将对角线作为一个 vector view 进行提取
    gsl_vector_view diag = gsl_matrix_diagonal(cov) ;
    // 现在还无法直接使用 wrap() 转换到 Rcpp::NumericVector
    // 我们需要分两步完成
    Rcpp::NumericVector std_err ; std_err = diag;
    std::transform(std_err.begin(), std_err.end(),
                   std_err.begin(), sqrt);
    Rcpp::List res =
        Rcpp::List::create(Rcpp::Named("coefficients") = coef,
                           Rcpp::Named("stderr") = std_err,
                           Rcpp::Named("df") = n - k);
    // 释放所有的 GSL 向量和矩阵
    // 这些都是真正的 C 数据结构，我们无法利用 C++ 的自动内存管理
    coef.free(); cov.free(); y.free(); X.free();
```

```
32      return res; // 将结果列表返回到 R
33    } catch( std::exception &ex ) {
34      forward_exception_to_r( ex );
35    } catch(...) {
36      ::Rf_error( "c++ exception (unknown reason)" );
37    }
38    return R_NilValue; // -Wall
39  }
```

代码 11.1 使用 **RcppGSL** 的 FastLm 函数

我们首先初始化了一个 **RcppGSL** 向量和矩阵，二者都是实例化为数值类型 double 的模板（**GSL** 支持很多类型，从低精度浮点数，到有符号和无符号整数，以及复数类型）。其次，我们保留额外的向量和矩阵来储存得到的系数估计和协方差矩阵。之后我们使用一个 **GSL** 程序来分配工作空间，拟合线性模型，释放工作空间。然后我们提取了协方差矩阵的对角线元素。之后我们使用一个所谓的“迭代器”，一个来自标准模板库（STL）的常见 C++ 术语，来遍历对角线向量，并将一个平方根函数作用到其上面来计算我们的标准差估计。最后在我们释放临时分配的内存空间之前，我们创建了一个命名列表。这一步是必要的，因为其底层对象是由 **GSL** 接口而来的真正 C 对象。因此，他们没有我们在 **Rcpp** 中使用的 C++ 向量或矩阵的自动内存管理。最后我们把结果返回到 R。

正如在前一章所见，**RcppArmadillo** (Eddelbuettel et al., 2012)中实现了一个对应的 fastLm 函数，其使用了 **Armadillo** 库 (Sanderson, 2010)，由于 C++ 中的一些特性，我们可以使用更紧凑的代码。

11.3 向量

这个小节从 **GSL** 中的定义开始，详细描述了不同的矩阵展现。之后我们先讨论我们的抽象层，再讨论其之间的对应关系。本小节以只读性质的“vector view”类来结束。

11.3.1 GSL 向量

GSL 定义了很多向量类型来操作一维数据，这和 R 数组很类似。例如，gsl_vector 和 gsl_vector_int 结构定义如下：

```
typedef struct{
    size_t size;
    size_t stride;
    double *data;
    gsl_block *block;
    int owner;
} gsl_vector;

typedef struct {
    size_t size;
    size_t stride;
    int *data;
    gsl_block_int *block;
    int owner;
} gsl_vector_int;
```

代码 11.2 gsl_vector 和 gsl_vector_int 定义

下面给出了使用 gsl_vector 结构的典型示例：

```
int i;
gsl_vector *v = gsl_vector_alloc(3); // 大小为 3 的 gsl_vector
for (i = 0; i < 3; i++) {
    gsl_vector_set(v, i, 1.23 + i); // 填充向量
}
double sum = 0.0 ;
for (i = 0; i < 3; i++) {
    sum += gsl_vector_get(v, i ); // 获取元素
}
gsl_vector_free(v); // 释放内存
```

代码 11.3 gsl_vector 使用示例

11.3.2 RcppGSL::vector

RcppGSL 定义了 RcppGSL::vector<T> 模板。其可以利用 C++ 模板的优点来操作指向 gsl_vector 类型的指针。使用这个新类型，前面的例子可以写作：

```
int i;
RcppGSL::vector<double> v(3); // 大小为 3 的向量
for (i = 0; i < 3; i++) {
    v[i] = 1.23 + i ; // 填充向量
}
double sum = 0.0 ;
for (i = 0; i < 3; i++) {
    sum += v[i]; // 获取元素
}
v.free(); // 释放内存
```

代码 11.4 RcppGSL::vector<T> 使用示例

RcppGSL::vector<double> 类实现了一个智能指针，其可以在任何地方替换指向 gsl_vector 的原始指针。示例包括 gsl_vectro_set 和 gsl_vector_-get 函数。

除了提供了一个更方便使用的内存分配和释放语法，RcppGSL::vector 模板允许 **GSL** 向量和 **Rcpp** 对象之间的交互。下面的示例定义了一个.Call() 的兼容函数来调用 sum_gsl_vector_int，其通过 RcppGSL::vector<int> 模板的特化来操作 gsl_vector_int：

```
RCPP_FUNCTION_1(int, sum_gsl_vector_int,
                RcppGSL::vector<int> vec) {
    int res = std::accumulate(vec.begin(), vec.end(), 0);
    vec.free(); // 我们需要在使用后释放 vec
    return res;
}
```

代码 11.5 RcppGSL::vector<T> 函数示例

RCPP_FUNCTION_1 宏对其参数进行扩展，使自己成为一个单参数函数。生成的函数的返回类型作为宏的第一个参数，宏的第二个参数提供了函数名，第三个宏参数作为函数参数。

因此可以在 R 中如下调用：

```
R> .Call( "sum_gsl_vector_int", 1:10 )
[1] 55
```

代码 11.6 调用 RcppGSL::vector<T> 函数

第二个示例展示了一个简单的函数，其使用 **Rcpp** 提供的隐式转换提取一个 R 列表中的元素来形成一个 gsl_vector 对象。

```
RCPP_FUNCTION_1(double, gsl_vector_sum_2, Rcpp::List data ) {
  // 通过 RcppGSL::vector<double> 类提取 "x" 为一个 gsl_vector
  RcppGSL::vector<double> x = data["x"] ;
  // 通过 RcppGSL::vector<double> 类提取 "y" 为一个 gsl_vector
  RcppGSL::vector<int> y = data["y"] ;
  double res = 0.0 ;
  for( size_t i=0; i< x->size; i++){
    res += x[i]* y[i] ;
  }
  // 我们需要显式释放内存
  x.free() ;
  y.free() ;
  // 返回结果
  return res ;
}
```

代码 11.7 RcppGSL::vector<T> 函数示例二

其调用如下所示：

```
R> .Call( "gsl_vector_sum_2", data )
[1] 36.66667
```

代码 11.8 RcppGSL::vector<T> 函数示例二的调用

11.3.3 对应

表 11.1 展示了 **GSL** 中定义的类型和在 **RcppGSL** 中的对应类型。

表 11.1 GSL 向量类型和 **RcppGSL** 中模板的对应

gsl vector	RcppGSL（`RcppGSL::` 前缀）
`gsl_vector`	`vector<double>`
`gsl_vector_int`	`vector<int>`
`gsl_vector_float`	`vector<float>`
`gsl_vector_long`	`vector<long>`
`gsl_vector_char`	`vector<char>`
`gsl_vector_complex`	`vector<gsl_complex>`
`gsl_vector_complex_float`	`vector<gsl_complex_float>`
`gsl_vector_complex_long_double`	`vector<gsl_complex_long_double>`
`gsl_vector_long_double`	`vector<long double>`
`gsl_vector_short`	`vector<short>`
`gsl_vector_uchar`	`vector<unsigned char>`
`gsl_vector_uint`	`vector<unsigned int>`
`gsl_vector_ushort`	`vector<insigned short>`
`gsl_vector_ulong`	`vector<unsigned long>`

11.3.4 向量视图（vector view）

GSL 中很多算法返回 **GSL** 向量视图（vector view）作为其结果类型。**RcppGSL** 定义了 `RcppGSL::vector_view` 类来使用 C++ 语法处理向量视图。

```
extern "C" SEXP test_gsl_vector_view(){
  int n = 10 ;
  RcppGSL::vector<double> v(n) ;
  for( int i=0 ; i<n; i++){
    v[i]=i;
  }
  RcppGSL::vector_view<double> v_even =
```

```
8       gsl_vector_subvector_with_stride(v,0,2,n/2);
9   RcppGSL::vector_view<double> v_odd =
10      gsl_vector_subvector_with_stride(v,1,2,n/2);
11  List res = List::create( _["even"] = v_even,
12                           _["odd" ] = v_odd );
13  v.free() ; // 我们只释放 v ， vector view 中没有数据
14  return res ;
15 }
```

代码 11.9 vector view 类示例

和向量类似，RcppGSL::vector_view 类型的 C++ 对象可以被隐式转换到其相关的 **GSL** view 类型。表 11.2 展示了成对关系，所以 C++ 对象可以被传递至兼容的 **GSL** 算法中。特别提一点，由于类型设置原因，vector_view<gsl_complex_long_double> 被省略掉了。

表 11.2 GSL 向量视图类型和 **RcppGSL** 中模板的对应

gsl vector	RcppGSL（RcppGSL:: 前缀）
gsl_vector_view	vector_view<double>
gsl_vector_view_int	vector_view<int>
gsl_vector_view_float	vector_view<float>
gsl_vector_view_long	vector_view<long>
gsl_vector_view_char	vector_view<char>
gsl_vector_view_complex	vector_view<gsl_complex>
gsl_vector_view_complex_float	vector_view<gsl_complex_float>
gsl_vector_view_long_double	vector_view<long double>
gsl_vector_view_short	vector_view<short>
gsl_vector_view_uchar	vector_view<unsigned char>
gsl_vector_view_uint	vector_view<unsigned int>
gsl_vector_view_ushort	vector_view<insigned short>
gsl_vector_view_ulong	vector_view<unsigned long>

vector view 类同时也包含了将 vector view 类型对象转换到一个 **GSL** 向量类型的自动转换操作符。这使得在 **GSL** 希望使用向量时，也可以使用 vector view 类型。

11.4 矩阵

GSL 也定义了一系列矩阵数据类型：gsl_matrix、gsl_matrix_int 等。而 **RcppGSL** 使用 RcppGSL::matrix 模板定义了对应的 C++ 封装器。

11.4.1 生成矩阵

RcppGSL::matrix 模板有三个构造函数。

```
// 将一个 R 矩阵转换为一个 GSL 矩阵
matrix( SEXP x) throw(::Rcpp::not_compatible)
// 封装一个 GSL 矩阵指针
matrix( gsl_matrix* x)
// 生成指定行数和列数的矩阵
matrix( int nrow, int ncol)
```

代码 11.10 RcppGSL 矩阵类使用示例

11.4.2 隐式转换

RcppGSL::matrix 定义了指向相关 **GSL** 矩阵类型的隐式转换，以及解引用操作符，这使得 RcppGSL::matrix 看起来和使用起来都像是指向一个 **GSL** 矩阵类型的指针。

```
gsltype* data ;
operator gsltype*(){ return data ; }
gsltype* operator->() const { return data; }
gsltype& operator*() const { return *data; }
```

代码 11.11 RcppGSL 矩阵类的隐式转换

11.4.3 索引

GSL 矩阵的元素索引一般通过 getter 函数 gsl_matrix_get、gsl_matrix_int_get，以及 setter 函数 gsl_matrix_set、gsl_matrix_int_set 实现。作为 C 函数，我们必须单独提供行索引和列索引。

RcppGSL 利用了操作符重载和模板技术使得对一个 **GSL** 矩阵索引更加方便，也更加接近我们的数学概念，示例如下所示。

```
// 生成一个 10x10 的矩阵
RcppGSL::matrix<int> mat(10,10);
// 填充对角线
for( int i=0; i<10: i++) {
    mat(i,i) = i ;
}
```

代码 11.12 RcppGSL 矩阵类的索引

11.4.4 方法

`RcppGSL::matrix` 类型也定义下列成员函数：

`nrow()` 获取行数

`ncol()` 获取列数

`size()` 获取元素个数

`free()` 释放内存

11.4.5 matrix view 类

和前面提到的 vector view 类似，**RcppGSL** 也提供了一个隐式转换操作符，在返回时将底层的矩阵储存在 matrix view 类中。

11.5 在自己的扩展包里使用 RcppGSL

RcppGSL 扩展包提供了一个完整示例，里面有一个单一的函数 `colNorm` 来计算所提供矩阵每一列的范数。这个示例由 **GSL** 手册中的矩阵示例而来，我们选择它仅仅为了展示如何使用 **RcppGSL** 来开发一个扩展包。

不需要多说，我们可以使用 R 中已有函数很轻易地计算一个矩阵的范数。一个可能的方案就是代码 11.13 中简单的表达式，这在 **RcppGSL** 中的示例扩展包对应的帮助页面上也有提到。

```
apply(M, 2, function(x) sqrt(sum(x^2)))
```

代码 11.13 R 中的矩阵范数

使用 **GSL** 代码的一个原因在于其使用了 BLAS 函数。在非常大的矩阵上，安装合适的 BLAS 库，由于高性能 BLAS 库中优化过的代码，以及/或者多核 BLAS 库中可以平行计算矩阵范数，**GSL** 方案可以更快。然而，在“可接受”规模内的矩阵，性能的差距可以忽略不计。

11.5.1 configure 脚本

11.5.1.1 使用 autoconf

使用 **RcppGSL** 意味着同时使用 **GSL** 和 R。我们需要找到 **GSL** 的头文件和库文件。这可以通过如下所示的，使用 `autoconf` 从一个 `configure.in` 源文件生成的 `configure` 脚本完成：

```
AC_INIT([RcppGSLExample], 0.1.0)
## 使用 gsl-config 为编译器和链接器提供选项
##
## 检查非标准程序: gsl-config(1)
AC_PATH_PROG([GSL_CONFIG], [gsl-config])
## 如果能找到，我们就使用 gsl-config
if test "${GSL_CONFIG}" != ""; then
    # 使用 gsl-config 设置头文件和链接参数
    # 不使用 R 中的 BLAS
    GSL_CFLAGS='${GSL_CONFIG} --cflags'
    GSL_LIBS='${GSL_CONFIG} --libs-without-cblas'
else
    AC_MSG_ERROR([gsl-config not found, is GSL installed?])
fi

## 使用 Rscript 来查询 Rcpp 的编译和链接选项
## 同时提供库的位置和可选的 rpath
RCPP_LDFLAGS=`${R_HOME}/bin/Rscript -e "Rcpp:::LdFlags()"`

```

```
20 # 现在取代 src/Makevars.in 中的变量以生成 src/Makevars
21 AC_SUBST(GSL_CFLAGS)
22 AC_SUBST(GSL_LIBS)
23 AC_SUBST(RCPP_LDFLAGS)
24
25 AC_OUTPUT(src/Makevars)
```

代码 11.14 供 **RcppGSL** 使用的 autoconf 脚本

这样一个 configure.in 文件可以通过调用 autoconf 程序来转换成一个 configure 脚本。

11.5.1.2 使用 RcppGSL 提供的函数

RcppGSL 提供了 R 函数来运行获取同样的信息。因此，configure 脚本也可以是如下所示：

```
1  #!/bin/sh
2
3  GSL_CFLAGS=`${R_HOME}/bin/Rscript -e "RcppGSL:::CFlags()"`
4  GSL_LIBS=`${R_HOME}/bin/Rscript -e "RcppGSL:::LdFlags()"`
5  RCPP_LDFLAGS=`${R_HOME}/bin/Rscript -e "Rcpp:::LdFlags()"`
6
7  sed -e "s|@GSL_LIBS@|${GSL_LIBS}|" \
8      -e "s|@GSL_CFLAGS@|${GSL_CFLAGS}|" \
9      -e "s|@RCPP_LDFLAGS@|${RCPP_LDFLAGS}|" \
10     src/Makevars.in > src/Makevars
```

代码 11.15 供 **RcppGSL** 使用的 shell 设置脚本

类似地，供 windows 使用的 configure.win 内容如下：

```
1 RSCRIPT="${R_HOME}/bin${R_ARCH_BIN}/Rscript.exe"
2 GSL_CFLAGS=`${RSCRIPT} -e "RcppGSL:::CFlags()"`
3 GSL_LIBS=`${RSCRIPT} -e "RcppGSL:::LdFlags()"`
4 RCPP_LDFLAGS=`${RSCRIPT} -e "Rcpp:::LdFlags()"`
5
6 sed -e "s|@GSL_LIBS@|${GSL_LIBS}|" \
```

```
7      -e "s|@GSL_CFLAGS@|${GSL_CFLAGS}|" \
8      -e "s|@RCPP_LDFLAGS@|${RCPP_LDFLAGS}|" \
9      src/Makevars.in > src/Makevars.win
```

代码 11.16 Windows 下供 **RcppGSL** 使用的 shell 设置脚本

11.5.2 src 文件夹

下面这个 C++ 函数接受从 R 而来的矩阵，之后将 **GSL** 函数应用到每一列上。

```
1  #include <RcppGSL.h>
2  #include <gsl/gsl_matrix.h>
3  #include <gsl/gsl_blas.h>
4  extern "C" SEXP colNorm(SEXP sM) {
5    try {
6      // 从 SEXP 生成 gsl 数据结构
7      RcppGSL::matrix<double> M = sM;
8      int k = M.ncol();
9      Rcpp::NumericVector n(k); // 用于结果
10     for(intj=0;j<k; j++) {
11       RcppGSL::vector_view<double> colview =
12                     gsl_matrix_column (M, j);
13       n[j] = gsl_blas_dnrm2(colview);
14     }
15     M.free() ;
16     return n; // 返回向量
17   } catch( std::exception &ex ) {
18     forward_exception_to_r( ex );
19   } catch(...) {
20     ::Rf_error( "c++ exception (unknown reason)" );
21   }
22   return R_NilValue; // -Wall
23 }
```

代码 11.17 **RcppGSL** 中的向量模函数

Makevars.in 文件管理编译事宜，在编译时使用 configure 提供的信息：

```
# 通过 configure 设置
GSL_CFLAGS = @GSL_CFLAGS@
GSL_LIBS = @GSL_LIBS@
RCPP_LDFLAGS = @RCPP_LDFLAGS@

# 和 R 的标准参数结合
PKG_CPPFLAGS = $(GSL_CFLAGS)
PKG_LIBS = $(GSL_LIBS) $(RCPP_LDFLAGS)
```

代码 11.18 RcppGSL 示例中的 Makevars.in 文件

在扩展包编译时，上面展示的 configure 会决定被 @ 包围的变量内容进行填充。

11.5.3 R 文件夹

R 源文件非常简单：向 C++ 传递一个矩阵：

```
colNorm <- function(M) {
    stopifnot(is.matrix(M))
    res <- .Call("colNorm", M, PACKAGE="RcppGSLExample")
}
```

代码 11.19 RcppGSL 示例中的 R 函数

11.6 通过 inline 使用 RcppGSL

正如我们在本书里所见到的，**inline** 扩展包 (Sklyar et al., 2012)在使用 C、C++ 或 Fortran 进行代码原型构建时非常有用，其可以直接在 R 中进行编译、链接和动态载入。**Rcpp** 也大量使用了 **inline**，比如在众多的单元测试中。

下面的示例展示了如何和 **RcppGSL** 一起使用 **inline**。我们实现了同样的列范数函数，但这次是一个 R 脚本，其编译、链接和载入都非常容易。和 **inline** 的标准使用略有不同的，我们需要添加一些简短的语句来声明我们要

使用 **GSL** 头文件；**RcppGSL** 之后会向 **inline** 传递信息，告知使用 **GSL** 进行编译时所需的库的位置和名字。

```
R> require(inline)
R> inctxt='
+    #include <gsl/gsl_matrix.h>
+    #include <gsl/gsl_blas.h>
+'
R> bodytxt='
+   // 从 SEXP 生成 gsl 数据结构
+   RcppGSL::matrix<double> M = sM;
+   int k = M.ncol();
+   Rcpp::NumericVector n(k); // for results
+
+   for(int j=0;j<k; j++) {
+     RcppGSL::vector_view<double> colview =
+             gsl_matrix_column (M, j);
+     n[j] = gsl_blas_dnrm2(colview);
+   }
+   M.free() ;
+   return n; // 返回向量
+ '
R> foo <- cxxfunction(
+      signature(sM="numeric"),
+      body=bodytxt, inc=inctxt, plugin="RcppGSL")
R> ## 见 GSL 手册 8.4.13 节:
R> ## 生成 M 作为两个外积的和
R> M <- outer(sin(0:9), rep(1,10), "*") +
+       outer(rep(1, 10), cos(0:9), "*")
R> foo(M)
[1] 4.314614 3.120504 2.193159 3.261141 2.534157
[6] 2.572810 4.204689 3.652017 2.085236 3.073134
```

代码 11.20 通过 inline 使用 RcppGSL

RcppGSL 的 **inline** 插件支持基于一个 **inline** 函数来构建扩展包。

```
R> package.skeleton( "mypackage", foo )
```

代码 11.21 对于 inline 的结果使用 package.skeleton

这会生成一个扩展包框架，和我们在第 5 章中见到的类似，这个扩展包基于 `cxxfunction()` 产生的函数，并如代码 11.20 中所示地将其赋值给函数对象 `foo()` 。

11.7 案例：使用 RcppGSL 实现基于 GSL 的 B-样条拟合

GSL 和 R 的应用在很多领域都有重叠。从这个角度讲，下面的例子是完全没有实际意义的，因为我们可以完全在 R 中进行计算。然而，**GSL** 自身是一个开发完善的数值计算库，展示如何将 **GSL** 中的示例和 R 进行整合是挺有趣的。

在本节中，我们使用 **GSL** 手册 39.7 节中的例子来展示这一点。我们通过

$$y(x) = \mathrm{e}^{-x/10}\cos(x) \text{ 其中 } x \in [0, 15]$$

来生成数据，之后使用均匀断点的三次 B-样条基函数进行加权最小二乘拟合。我们对这个示例的统计学方面的问题不是很感兴趣，而是在展示如何在 R 中使用 **GSL** 代码。

原始的程序如代码 11.22 所示。

```
#include <stdio.h>
#include <stdlib.h>
#include <math.h>
#include <gsl/gsl_bspline.h>
#include <gsl/gsl_multifit.h>
#include <gsl/gsl_rng.h>
#include <gsl/gsl_randist.h>
#include <gsl/gsl_statistics.h>

```

```
10 /* 拟合的数据点个数 */
11 #define N 200
12 /* 拟合系数的个数 */
13 #define NCOEFFS 12
14 /* nbreak = ncoeffs + 2 - k = ncoeffs - 2 since k = 4*/
15 #define NBREAK (NCOEFFS - 2)
16 
17 int main (void) {
18     const size_t n = N;
19     const size_t ncoeffs = NCOEFFS;
20     const size_t nbreak = NBREAK;
21     size_t i, j;
22     gsl_bspline_workspace *bw;
23     gsl_vector *B;
24     double dy;
25     gsl_rng *r;
26     gsl_vector *c,*w;
27     gsl_vector *x,*y;
28     gsl_matrix *X,*cov;
29     gsl_multifit_linear_workspace *mw;
30     double chisq, Rsq, dof, tss;
31 
32     gsl_rng_env_setup();
33     r = gsl_rng_alloc(gsl_rng_default);
34 
35     /* 分配一个三维的 B-样条工作空间(k = 4) */
36     bw = gsl_bspline_alloc(4, nbreak);
37     B = gsl_vector_alloc(ncoeffs);
38 
39     x = gsl_vector_alloc(n);
40     y = gsl_vector_alloc(n);
41     X = gsl_matrix_alloc(n, ncoeffs);
42     c = gsl_vector_alloc(ncoeffs);
43     w = gsl_vector_alloc(n);
```

```
44      cov = gsl_matrix_alloc(ncoeffs, ncoeffs);
45      mw = gsl_multifit_linear_alloc(n, ncoeffs);
46
47      printf("#m=0,S=0\n");
48      /* 用于拟合的数据 */
49
50      for(i=0;i<n;++i){
51          double sigma;
52          double xi = (15.0 / (N - 1))* i;
53          double yi = cos(xi)* exp(-0.1 * xi);
54
55          sigma = 0.1 *yi;
56          dy = gsl_ran_gaussian(r, sigma);
57          yi += dy;
58
59          gsl_vector_set(x, i, xi);
60          gsl_vector_set(y, i, yi);
61          gsl_vector_set(w, i, 1.0 / (sigma * sigma));
62
63          printf("%f %f\n", xi, yi);
64      }
65
66      /* 使用 [0, 15] 上的均匀断点 */
67      gsl_bspline_knots_uniform(0.0, 15.0, bw);
68
69      /* 构造拟合矩阵 X */
70      for(i=0;i<n;++i){
71          double xi = gsl_vector_get(x, i);
72
73          /* 对所有 j 计算 B_j(xi) */
74          gsl_bspline_eval(xi, B, bw);
75
76          /* 填充 X 的 i 行 */
77          for (j = 0; j < ncoeffs; ++j) {
```

```
            double Bj = gsl_vector_get(B, j);
            gsl_matrix_set(X, i, j, Bj);
        }
    }

    /* 进行拟合 */
    gsl_multifit_wlinear(X, w, y, c, cov, &chisq, mw);

    dof = n - ncoeffs;
    tss = gsl_stats_wtss(w->data, 1, y->data, 1, y->size);
    Rsq = 1.0 - chisq / tss;

    fprintf(stderr, "chisq/dof = %e, Rsq = %f\n", chisq / dof,
        Rsq);

    /* 输出光滑曲线 */
    {
        double xi, yi, yerr;

        printf("#m=1,S=0\n");
        for (xi = 0.0; xi < 15.0; xi += 0.1) {
            gsl_bspline_eval(xi, B, bw);
            gsl_multifit_linear_est(B, c, cov, &yi, &yerr);
            printf("%f %f\n", xi, yi);
        }
    }

    gsl_rng_free(r);
    gsl_bspline_free(bw);
    gsl_vector_free(B);
    gsl_vector_free(x);
    gsl_vector_free(y);
    gsl_matrix_free(X);
    gsl_vector_free(c);
```

```
112     gsl_vector_free(w);
113     gsl_matrix_free(cov);
114     gsl_multifit_linear_free(mw);
115 
116     return 0;
117 }/* main() */
```

代码 11.22 GSL 中的 B-样条拟合示例

原始的 **GSL** 示例提供了含有单一 `main()` 函数的独立程序。首先，数据被生成和写到标准输出中。其次，设置三次 B-样条函数和进行拟合，结果被输出。原始文档建议大家使用一个外部的作图程序来可视化数据和拟合结果。很显然我们可以在 R 中读入数据，将其拆分为输入数据（200 行）和结果数据（151 行，从 0.0 到 15.0，间隔为 0.1），从而完成第二步。

为了能在 R 中使用这个函数，我们将程序拆分为两部分：数据生成和数据拟合。每部分都放在单独的 C++ 文件中。

我们使用 “Rcpp attribute”（见 2.6 节）来在 R 中使用这个 C++ 代码。

```
1  // [[Rcpp::depends(RcppGSL)]]
2  #include <RcppGSL.h>
3  
4  #include <gsl/gsl_bspline.h>
5  #include <gsl/gsl_multifit.h>
6  #include <gsl/gsl_rng.h>
7  #include <gsl/gsl_randist.h>
8  #include <gsl/gsl_statistics.h>
9  
10 // n需要拟合的数据点个数
11 const int N = 200;
12 // 拟合系数的个数
13 const int NCOEFFS = 12;
14 // nbreak = ncoeffs - 2 since k = 4
15 const int NBREAK = (NCOEFFS - 2);
```

代码 11.23 供 R 调用的 B-样条拟合 C++ 实现起始部分

首先，这声明了我们依赖于 **RcppGSL**，暗示 R 会通过前面讨论过的 plugin 来使用 **GSL** 的头文件和库文件。之后导入了多个头文件来声明 **RcppGSL**（和 **Rcpp**）需要用到的数据类型和 **GSL** 函数。

```
// [[Rcpp::export]]
Rcpp::List genData() {

    const size_t n = N;
    size_t i;
    double dy;
    gsl_rng *r;
    RcppGSL::vector<double> w(n), x(n), y(n);

    gsl_rng_env_setup();
    r = gsl_rng_alloc(gsl_rng_default);

    // printf("#m=0,S=0\n");
    /* 被拟合的数据 */

    for (i = 0; i < n; ++i) {
        double sigma;
        double xi = (15.0 / (N - 1)) * i;
        double yi = cos(xi) * exp(-0.1 * xi);

        sigma = 0.1 * yi;
        dy = gsl_ran_gaussian(r, sigma);
        yi += dy;

        gsl_vector_set(x, i, xi);
        gsl_vector_set(y, i, yi);
        gsl_vector_set(w, i, 1.0 / (sigma * sigma));

        //printf("%f %f\n", xi, yi);
    }
```

```
31
32      Rcpp::DataFrame res =
33          Rcpp::DataFrame::create(Rcpp::Named("x") = x,
34                                  Rcpp::Named("y") = y,
35                                  Rcpp::Named("w") = w);
36
37      x.free();
38      y.free();
39      w.free();
40      gsl_rng_free(r);
41
42      return(res);
43  }
```

代码 11.24 GSL B-样条拟合数据生成

类似地，第二个函数用于拟合数据，其定义如下。

```
1   // [[Rcpp::export]]
2   Rcpp::List fitData(Rcpp::DataFrame ds) {
3
4       const size_t ncoeffs = NCOEFFS;
5       const size_t nbreak = NBREAK;
6
7       const size_t n = N;
8       size_t i, j;
9
10      Rcpp::DataFrame D(ds);                   // 创建data.frame
11      RcppGSL::vector<double> y = D["y"]; // 通过名字获取每一列
12      RcppGSL::vector<double> x = D["x"]; // 对向量进行赋值
13      RcppGSL::vector<double> w = D["w"];
14
15      gsl_bspline_workspace *bw;
16      gsl_vector *B;
17      gsl_vector *c;
```

```
18    gsl_matrix *X, *cov;
19    gsl_multifit_linear_workspace *mw;
20    double chisq, Rsq, dof, tss;
21    // 为  gsl_bspline_workspace 分配内存 (k = 4)
22    bw = gsl_bspline_alloc(4, nbreak);
23    B = gsl_vector_alloc(ncoeffs);
24
25    X = gsl_matrix_alloc(n, ncoeffs);
26    c = gsl_vector_alloc(ncoeffs);
27    cov = gsl_matrix_alloc(ncoeffs, ncoeffs);
28    mw = gsl_multifit_linear_alloc(n, ncoeffs);
29
30    // 使用 [0, 15] 上的均匀断点
31    gsl_bspline_knots_uniform(0.0, 15.0, bw);
32
33    // 构造拟合矩阵X
34    for (i = 0; i < n; ++i) {
35        double xi = gsl_vector_get(x, i);
36
37        // 对所有的 j 计算 B_j(xi)
38        gsl_bspline_eval(xi, B, bw);
39
40        // 填充矩阵中的第 i 行
41        for (j = 0; j < ncoeffs; ++j) {
42            double Bj = gsl_vector_get(B, j);
43            gsl_matrix_set(X, i, j, Bj);
44        }
45    }
46    // 开始拟合
47    gsl_multifit_wlinear(X, w, y, c, cov, &chisq, mw);
48
49    dof = n - ncoeffs;
50    tss = gsl_stats_wtss(w->data, 1, y->data, 1, y->size);
51    Rsq = 1.0 - chisq / tss;
```

```
52
53      // 输出光滑曲线
54      Rcpp::NumericMatrix M(150,2);
55      double xi, yi, yerr;
56      for (xi = 0.0, i=0; xi < 15.0; xi += 0.1, i++) {
57          gsl_bspline_eval(xi, B, bw);
58          gsl_multifit_linear_est(B, c, cov, &yi, &yerr);
59          M(i,0) = xi;
60          M(i,1) = yi;
61      }
62
63      gsl_bspline_free(bw);
64      gsl_vector_free(B);
65      gsl_matrix_free(X);
66      gsl_vector_free(c);
67      gsl_matrix_free(cov);
68      gsl_multifit_linear_free(mw);
69
70      return(Rcpp::List::create(
71                  Rcpp::Named("M")=M,
72                  Rcpp::Named("chisqdof")=Rcpp::wrap(chisq/dof),
73                  Rcpp::Named("rsq")=Rcpp::wrap(Rsq)));
74  }
```

代码 11.25 GSL B-样条数据拟合

最后，我们生成了编译过的函数、生成的数据和拟合的样条模型。拟合结果如图 11.1 所示。

```
1  # 编译两个函数
2  sourceCpp("bSpline.cpp")
3
4  # 生成数据
5  dat <- genData()
6
```

```
7  # fit the model, returns matrix and gof measures
8  fit <- fitData(dat)
9  M <- fit[[1]]
10
11 # 作图
12 op <- par(mar=c(3,3,1,1))
13 plot(dat[,"x"], dat[,"y"], pch=19, col="#00000044")
14 lines(M[,1], M[,2], col="orange", lwd=2)
15 par(op)
```

代码 11.26 GSL B-样条示例的 R 端代码

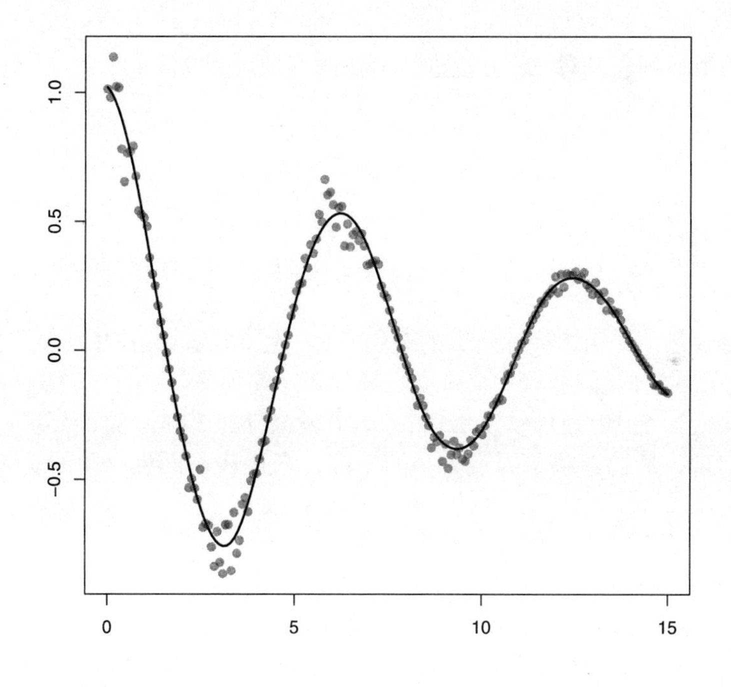

图 11.1 生成的数据及其 B-样条拟合

第 12 章 RcppEigen

章节摘要 **RcppEigen** 扩展包提供了一个 **Eigen** 库的接口。**Eigen** 是一个使用了现代模板元编程技术的特性众多的 C++ 库。它与 **Armadillo** 类似，但提供了粒度更细的应用编程接口（API）。本章会提供一个对 **RcppEigen** 扩展包的介绍，内容包括其核心数据结构的介绍，一些已有的矩阵分解方法的展示，最后以一个特别的 C++ 实现（所谓的“工程模式”）结束本章，其提供了不同的矩阵方法来对 `lm` 方法进行更快的实现。

12.1 简介

Eigen 是一个用于线性代数的现代 C++ 库，和 **Armadillo**（见第 10 章的讨论）的领域相似，但拥有一个粒度更细的程序编程接口（API）。**Eigen** (Guennebaud et al., 2012)最早作为 KDE（一个很流行的 Linux 桌面环境）的一个子项目出现，最初着眼于固定大小的矩阵，来代表桌面程序中的旋转、反射或仿射变换。从那开始起，大约十年，**Eigen** 发布了三个主要版本，“Eigen3”是当前的主要发行版。**Eigen** 被广泛使用于很多项目中，包括 **ceres**，一个 Google 发布的大型非线性最小二乘求解器[①]。

正如 **Armadillo**，**Rcpp** 通过在 **RcppEigen** (Bates and Eddelbuettel, 2013) 中提供合适的转换函数 `as<>()` 和 `wrap()` 来使用 **Eigen**。下一小节会介绍 **Eigen** 中的核心数据类型，同时介绍 **Rcpp** 中对应的转换器。

---

①见 `https://code.google.com/p/ceres-solver/`。

12.2 Eigen 类

12.2.1 固定大小的向量和矩阵

最早版本的 **Eigen** 旨在支持计算化学中的可视化和映射。对于这个任务，固定大小的矩阵和向量非常合适，当前版本中仍然得到支持。

C++ 模板元编程 (Abrahams and Gurtovoy, 2004) 在 **Eigen** 中被广泛使用。如果维度在编译时已知，经常需要运行时引入循环的操作实际上可以在编译时进行转换。考虑这个简单的示例：

```
1 Eigen::Vector3d x(1,2,3);
2 Eigen::Vector3d y(4,5,6);
3 Eigen::Matrix3d m1 = x * y.transpose();
4 double m2 = x.transpose() * y;
5 Rcpp::Rcout << "Outer:\n" << m1 << std::endl;
6 Rcpp::Rcout << "Inner:\n" << m2 << std::endl;
```

代码 12.1 Eigen 的简单示例，固定大小的向量和矩阵

在向量类的定义中，两个向量的长度是固定为 3 的。方阵的大小也同样为 3。

创建固定大小变量的首要原因是效率。通过使用模板，这个库可以让编译器为内积和外积生成一个更有效率的实现，来取代使用常量进行赋值的循环。下面我们会展示这其中的巨大不同。

从概念上讲，**Eigen** 中的展现是下列类型（这里我们将维度限制在 3，维度为 2 或 4 也是可行，`float` 和 `complex` 类型也是允许的，但这里没有展示）：

```
1 typedef Matrix<int, 3, 1>    Vector3i;
2 typedef Matrix<double, 3, 1> Vector3d;
3 typedef Matrix<int, 1, 3>    RowVector3i;
4 typedef Matrix<int, 3, 1>    ColVector3i;
5 typedef Matrix<double, 1, 3> RowVector3d;
6 typedef Matrix<double, 3, 1> ColVector3d;
7 typedef Matrix<int,    3, 3> Matrix3i;
```

```
typedef Matrix<double, 3, 3> Matrix3d;
```

代码 12.2 Eigen 中固定大小的向量和矩阵的定义

然而，由于 R 中的数据类型永远是动态的，可以在任何时候改变大小，所以 **Eigen** 中固定大小类型和 R 类型之间没有任何转换函数或接口存在。本章里介绍的所有接口都是下面讨论的动态大小的向量和矩阵。

12.2.2 动态大小的向量和矩阵

处理数据时，我们必须经常改变数据大小，特别是进行交互式处理或处理变化的输入时。将 R 和 **Eigen** 结合使用的核心数据类型定义如下：

```
typedef Matrix<double, Dynamic, 1>       VectorXd;
typedef Matrix<double, Dynamic, Dynamic> MatrixXd;
typedef Matrix<int, Dynamic, 1>       VectorXi;
typedef Matrix<int, Dynamic, Dynamic> MatrixXi;
```

代码 12.3 Eigen 中动态大小向量和矩阵的定义

行向量和列向量会有额外的变化，以及对 `float` 和 `complex` 类型的标量展示。R 中进行交换的核心函数使用 `VectorVd` 和 `MatrixXd` 类型。

我们可以使用动态大小的向量和矩阵重写前面一小节中的示例。注意现在的初始化是在运行时使用重载的 `<<` 操作符。

```
Eigen::VectorXd u(3); u << 1,2,3;
Eigen::VectorXd v(3); v << 4,5,6;
Eigen::MatrixXd m3 = u *v.transpose();
double m4 = u.transpose() *v;
Rcpp::Rcout << "Outer:\n" << m3 << std::endl;
Rcpp::Rcout << "Inner:\n" << m4 << std::endl;
```

代码 12.4 使用 **Eigen** 中动态大小向量和矩阵的简单示例

结果当然是一样的。但区别在哪里？最新版的 **Rcpp** 包含了一个简单辅助类 `Timer`。它可以如下显式引入。之后我们就可以继续这个示例和创建计时的循环：

```
// 包含 timer 头文件
```

```
2  #include <Rcpp/Benchmark/Timer.h>
3
4  // 启动 timer
5  const int n = 1000000;
6  Rcpp::Timer timer;
7  for(int i=0; i<n; i++) {
8      m1=x *y.transpose();
9      m2 = x.transpose() *y;
10 }
11 timer.step("fixed") ;
12
13 for(int i=0; i<n; i++) {
14     m3=u *v.transpose();
15     m4 = u.transpose() *v;
16 }
17
18 timer.step("dynamic");
19
20 for(int i=0; i<n; i++) { } // empty loop
21 timer.step( "empty loop" ) ;
22
23 Rcpp::NumericVector res(timer);
24 for (int i=0; i<res.size(); i++) {
25     res[i] = res[i] / n;
26 }
27 Rcpp::Rcout << res << std::endl;
```

代码 12.5 对固定大小和动态大小向量简单操作的性能比较

这个比较将两个短小矩阵的内积和外积计算进行了一百万次，结果还是很震惊的。Timer 类会在纳秒级时间（假设操作系统支持）内保存数据。将结果除以迭代的次数，我们得到了每次迭代所需的时间：

```
1      fixed    dynamic empty loop
```

```
2   0.001129 135.464204   0.000256
```

代码 12.6 对固定大小和动态大小向量简单操作的时间比较

固定大小向量和矩阵的代码仅仅比空循环略慢。虽然没有去看生成的机器码，我们假设外积矩阵的第九个元素的赋值与内积标量的第十个结果都是用常量赋值进行取代的结果，而使用动态数据类型的循环每次迭代需要 135 纳秒，这相对固定大小数据类型的实现，时间要多得多。

尽管这个示例简单得有些不现实，其仍然展示了现代编译器的优化技术，结合模板逻辑，可以找出不变的变量，从而得到非常高效的代码。

12.2.3 用于预制组件操作的数组

C++ 矩阵库重载了 * 操作符，所以（合适的）向量和矩阵可以相乘。这对着重于线性代数、矩阵操作和分解非常有用。然而，程序员也经常需要对一些元素单独进行操作（比如在 R 中的 `c(1:3)*c(2:4)`）。

Eigen 通过 `Array` 模板类来支持这些操作。一般来说，在 `Matrix` 和 `Vector` 类与对应的 `Array` 类型之间存在一一对应，如表 12.1 所示。

`Vector` 定义了一个单独的维度，而 `Array` 使用了一个 `X` 或数字。对于 `Matrix` 类型，固定大小的对象使用了两个数字，`XX` 用于表示动态大小的类型。结尾的字母依然用于表示存储类型。

表 12.1 Eigen 矩阵和向量类型与其对应的数值类型

`Vector` 或 `Matrix` 对象类型	`Array` 对象类型
VectorXd	ArrayXd
Vector3d	Array3d
MatrixXd	ArrayXXd
Matrix3d	Array33d

`Matrix/Vector` 和 `Array` 之间的转换是分别进行的，前者使用 `array()` 方法，后者使用 `matrix()` 方法。

12.2.4 向量、矩阵和特殊矩阵的映射对象

前面的章节展示了 **Eigen** 中基本的向量和矩阵使用，包括固定大小和动态分配。为了和外部库或 `C/C++` 矩阵交互，**Eigen** 提供了另外一个类：`Map`。

这个方法和 **Rcpp** 的设计契合得非常好，**Rcpp** 通过代理类来获取 R 对象底层的 SEXP 类型。使用这样一个"映射对象"在构造时不需要额外的拷贝，从而允许从 R 到使用 **Eigen** 代码之间进行和 **Rcpp** 类高效的对象传输，而且非常轻量级。

一般来说，使用需要的类型作为 `Map` 类的模板参数，比如，在需要 `double` 类型的动态分配矩阵时，使用 `Eigen::Map< Eigen::MatriXd>`。通过使用 `using` 来导入整个命名空间或有选择的标示符，这也可以缩短到 `Map<MatriXd>`。将类似的映射对象声明为 `const` 类型是良好的编程习惯，用于防止映射变量内存内容的意外改写。

更进一步，**Eigen** 还支持对稀疏矩阵的操作。其核心类是 `SparseMatrix`，提供了低内存使用的高性能操作。 其基于行（列）压缩储存方法的一个变种，这也被广泛用于其他处理稀疏矩阵的软件中。内部使用了四个紧凑的数组：

Values 用于存储非零元素的系数值。

InnerIndices 用于存储非零元素的行（或列）索引。

OuterStarts 用于存储前两个数组中第一个非零元素的列或行）索引。

IneerNNZs 用于存储各列（或行）的非零元素的个数。

这里的"inner"是指列主矩阵的列向量（或者行主矩阵的行向量），而"outer"指另一个方向。

Eigen 同时支持有特殊结构的矩阵，比如对称矩阵（上三角矩阵或下三角矩阵）或带状矩阵。一般来说，这些都通过"view"提供，这意味着当整体被使用时，操作只能获取相关的部分。

12.3　案例学习：使用 RcppEigen 实现卡尔曼滤波

在 10.3 节中，我们讨论了一个简单的卡尔曼滤波，并展示了使用 **Armadillo** 的一个 C++ 实现。为了比较，我们也用 **Eigen** 进行了实现。

```
1  #include <RcppEigen.h>
2
3  using namespace Rcpp;
4  using namespace Eigen;
5
6  class Kalman {
```

```
private:
    MatrixXd A, H, Q, R, xest, pest;

public:
    // 构造函数，设置数据结构
    Kalman() {

        const double dt = 1.0;
        A.setIdentity(6,6);
        A(0,2) = A(1,3) = A(2,4) = A(3,5) = dt;

        H.setZero(2,6);
        H(0,0) = H(1,1) = 1.0;

        Q.setIdentity(6,6);
        R = 1000 *R.Identity(2,2);

        xest.setZero(6,1);
        pest.setZero(6,6);
    }

    // 唯一的成员函数：模型估计
    MatrixXd estimate(const MatrixXd & Z) {
        unsigned int n = Z.rows(), k = Z.cols();
        MatrixXd Y = MatrixXd::Zero(n,k);
        MatrixXd xprd, pprd, S, B, kalmangain;
        VectorXd z, y;

        for (unsigned inti=0;i<n;i++){
            z = Z.row(i).transpose();

            // 预测状态和协方差
            xprd = A *xest;
            pprd = A *pest * A.transpose() + Q;
```

```
41
42            // 估计
43            S=H*pprd.transpose() * H.transpose() + R;
44            B=H*pprd.transpose();
45
46            kalmangain = S.ldlt().solve(B).transpose();
47
48            // 估计状态和协方差
49            xest = xprd + kalmangain * (z-H* xprd);
50            pest = pprd - kalmangain * H* pprd;
51
52            // 计算估计值
53            y=H*xest;
54            Y.row(i) = y.transpose();
55        }
56    return Y;
57    }
58 };
```

代码 12.7 C++ 中使用 **Eigen** 的基本卡尔曼滤波类

代码 12.7 展示了对前一个版本实现的直观改动。从 **Armadillo** 切换到 **Eigen** 主要改变在于

- 引入的头文件显然发生了变化。
- 声明从 `mat` 变为 `MatrixXd`，`vec` 变为 `VectorXd`。
- 成员函数分别由 `zero()`、`identity()` 和 `t()` 变为 `setZero()`、`setIdentity()` 和 `transpose()`。
- 从通过 `ldlt()` 函数选择一个稳健的 Cholesky 分解做矩阵分解，从而使用 `solve()` 方法。

这里的代码比代码 10.10 更详细一些。**Eigen** 一直有提供快速运行代码的好名声，而且实际上也比其他实现得（比如说原生实现）要快。使用 **Armadillo** 代码 10.10，相比较使用 **Eigen** 的代码 12.7 具有超过 60% 的速度优势②。

②这里十分感谢另一个 R/**Eigen** 开发者对这个比率的确认。

12.4 线性代数和矩阵分解

12.4.1 基本求解器

Eigen 对线性代数操作和很多矩阵分解都有良好的支持。Bates 和 Eddelbuettel (Bates and Eddelbuettel, 2013) 给出了一个非常详尽的讨论，所以我这里只提一些关键元素，而不是列举这些内容。12.5 节中的案例使用了很多特性来测试其对线性模型重实现的性能。**Eigen** 的官方文档 (Guennebaud et al., 2012)[③] 为这些方法提供了相应的非常有用的教程，这里我们从中摘取一些示例。

求解器示例可以很容易地进行改动，从而可以被 R 调用。

```
R> src <- '
  const Map<MatrixXd> A(as<Map<MatrixXd> >(As));
  const Map<VectorXd> b(as<Map<VectorXd> >(bs));
  VectorXd x = A.colPivHouseholderQr().solve(b);
  return wrap(x);'
R> solveEx <- cxxfunction(signature(As = "mat", bs = "vec"),
+                        body=src, plugin="RcppEigen")
R> A <- matrix(c(1,2,3, 4,5,6, 7,8,10), 3,3, byrow=TRUE)
R> b <- c(3, 3, 4)
R> solveEx(A, b)
[1] -2 1 1
R>
```

代码 12.8 在 R 中使用一个基础的 **Eigen** 求解器

这个示例中，我们从 R 中传递了一个矩阵和向量，R 的数据类型用于初始化对应的 **Eigen** 对象。正如在前一小节中讨论的，一个 Map 类型允许我们重用 R 内存而无需额外拷贝数据。这里我们使用了 double 精度的动态分配类型。示例中，对矩阵 A 使用了一个列旋转的 QR 分解，也就是在给定 B 的情形下对下面的等式求解。

$$\boldsymbol{Ax} = \boldsymbol{b}$$

③ **Eigen** 的教程可以通过 http://eigen.tuxfamily.org/dox 获取，更详细的关于矩阵分解的文档在 http://eigen.tuxfamily.org/dox/TopicLinearAlgebraDecompositions.html。

12.4.2 特征值和特征向量

Eigen 也提供了特征值和特征向量的计算。后面的示例使用了一个适合于对称矩阵的自伴求解器，其只使用了对应矩阵的一个三角形部分，而另一半靠推断而出。其他诸如 EigenSolver 和 ComplexEigenSolver 的求解器也同样可以使用。

```
R> src <- '
+   using namespace Eigen;
+   const Map<MatrixXd> A(as<Map<MatrixXd> >(As));
+   SelfAdjointEigenSolver<MatrixXd> es(A);
+   if (es.info() != Success) stop("Problem with Matrix");
+   return List::create(Named("values") = es.eigenvalues(),
+                       Named("vectors") = es.eigenvectors());'
R> eigEx <- cxxfunction(signature(As = "mat"), body=src,
+                       plugin="RcppEigen")
R> A <- matrix(c(1,2, 2,3), 2,2, byrow=TRUE)
R> eigEx(A)
$values
[1] -0.236068 4.236068

$vectors
          [,1]      [,2]
[1,] -0.850651 -0.525731
[2,]  0.525731 -0.850651

R>
R> eigEx(matrix(c(1,NA,NA,1),2,2))
Error: Problem with Matrix
R>
```

代码 12.9 使用 **Eigen** 计算特征值

第 5 行展示了求解器的成员函数可以成功执行，也可能失败；之后我们用 **Rcpp** 异常信息的封装器 stop() 来将合适的错误信息返回到 R。第 21 行和第 22 行使用一个退化矩阵展示了这一点。正如我们所期待的，程序控制返回到 R 会话，而错误信息在第 5 行中设置。

12.4.3 最小二乘求解器

12.3 节中代码 12.7 已经展示了使用成员函数 `ldlt()` 用于求解线性系统。后面的方法使用了一个基础的 SVD 方案。后面的小节会更详细地讨论这个问题。

```
1  R> src <- '
2  +   using namespace Eigen;
3  +   const Map<MatrixXd> X(as<Map<MatrixXd> >(Xs));
4  +   const Map<VectorXd> y(as<Map<VectorXd> >(ys));
5  +   VectorXd x = X.jacobiSvd(ComputeThinU|ComputeThinV).solve(y);
6  +   return wrap(x);'
7  R> lsEx <- cxxfunction(signature(Xs = "matrix", ys = "vector"),
8  +                         body=src, plugin="RcppEigen")
9  R> data(cars)
10 R> X <- cbind(1, log(cars[,"speed"]))
11 R> y <- log(cars[,"dist"])
12 R> lsEx(X, y)
13 [1] -0.729669 1.602391
14 R>
```

代码 12.10 使用 **Eigen** 计算最小二乘

我们使用 R 中的数据集 `cars` 进行著名的回归分析案例，拟合停车距离对数和速度对数以及一个常数的关系。

12.4.4 显秩分解

Eigen 库同时支持一系列显秩分解，其可以计算其操作的矩阵的秩。类似的方法在矩阵不满秩的情况表现更好，比如，方形的奇异矩阵。第 210 页的脚注③中提供了所有方法的详细描述。

```
1  R> src <- '
2  +   using namespace Eigen;
```

```
+   const Map<MatrixXd> A(as<Map<MatrixXd> >(As));
+   FullPivLU<MatrixXd> lu_decomp(A);
+   return List::create(Named("rank") = lu_decomp.rank(),
+                       Named("nullSpace") = lu_decomp.kernel(),
+                       Named("colSpace") = lu_decomp.image(A));
    '
R> rrEx <- cxxfunction(signature(As = "mat"), body=src, plugin="
    RcppEigen")
R> A <- matrix(c(1,2,5, 2,1,4, 3,0,3),3,3,byrow=TRUE)
R> rrEx(A)
$rank
[1] 2

$nullSpace
[,1]
[1,] 0.5
[2,] 1.0
[3,] -0.5

$colSpace
     [,1] [,2]
[1,]    5    1
[2,]    4    2
[3,]    3    3
R>
```

代码 12.11 使用 **Eigen** 进行显秩分解

这个小节讨论的示例展示了 **Eigen** API 的细粒化程度：一系列不同的基础分解（SVD、LU、QR 分解等），而不同的分解中又可以选用不同的旋转策略。**RcppEigen** 扩展包的文档为此提供了更多细节。下一节我们会提供一个关于如何在线性模型中使用这些方法的更深入的讨论。

12.5 案例学习：RcppEigen 中用于线性模型的 C++ 工厂

RcppEigen 扩展包继续了由 **RcppArmadillo** (Eddelbuettel et al., 2012) 和 **RcppGSL** (Eddelbuettel and François, 2010) 开始的话题。其主要内容是使用线性模型估计作为比较不同线性代数实现的基础。Doug Bates 在 **RcppEigen** 中更进了一步，提供了一个供线性模型使用的完整“工厂”。

在软件工程中，“工厂”意味着一系列经常被实现为函数的代码，用于在给定参数情况下产生对象。通常这些对象从相关类继承而来。一般有一个能派生很多对象的基类或顶级类，一个或更多的参数用于选择和初始化合适的对象类型。

在我们的语境中，这提供了一系列更高级 C++ 代码绝好的展示以及 **Eigen** 和 **RcppEigen** 组成细节的机会。代码 12.12 中的 `lm` 类是工厂函数派生而来的基类。

```
namespace lmsol {
  using Eigen::ArrayXd;
  using Eigen::Map;
  using Eigen::MatrixXd;
  using Eigen::VectorXd;

  class lm {
  protected:
    Map<MatrixXd>         m_X;      // 模型矩阵
    Map<VectorXd>         m_y;      // 相应向量
    MatrixXd::Index       m_n;      // X 的行数
    MatrixXd::Index       m_p;      // X 的列数
    MatrixXd::VectorXd    m_coef;   // 相关系数向量
    int                   m_r;      // 秩或者 NA_INTEGER
    MatrixXd::VectorXd    m_fitted; // 拟合值向量
    MatrixXd::VectorXd    m_se;     // 标准差
    MatrixXd::RealScalar m_prescribedThreshold;
                                    // 用户指定的误差
```

```
19      bool                    m_usePrescribedThreshold;
20
21    public:
22      lm(const Map<MatrixXd>&, const Map<VectorXd>&);
23
24      ArrayXd Dplus(const ArrayXd& D);
25      MatrixXd I_p() const {return MatrixXd::Identity(m_p, m_p);}
26      MatrixXd XtX() const;
27
28      // 基于 ColPivHouseholderQR 的 setThreshold 和 threshold
29      RealScalar threshold() const;
30      const VectorXd& se() const {return m_se;}
31      const VectorXd& coef() const {return m_coef;}
32      const VectorXd& fitted() const {return m_fitted;}
33      int rank() const {return m_r;}
34      lm& setThreshold(const RealScalar&);
35    };
36
37    // ..
38  }
```

代码 12.12 Eigen 中 `lm` 类的核心定义

RcppEigen 中的非内联函数的实现通过源文件 `fastLm.cpp` 提供。为了节约空间，我们这里省略了它们。

从基本线性模型类 `lm` 的声明中，我们可以定义各种分解的特例。这些类都由 `lm` 继承而来，他们共有代码 12.12 中的所有成员函数和变量，同时每个都可以通过实例化从 **Eigen** 而来的对应类，添加自己特定的分解函数。

在代码 12.13 所示的实现中，从上面所示的 `lm` 中派生而来的类实例化了一个同名的 **Eigen** 对象。这通过不同的命名空间变得可能。**Eigen** 使用了 `Eigen` 命名空间（我们这里省略了诸如 `using Eigen::Llt` 等语句，这些语句使得我们可以不用加命名空间前缀而使用 `Llt` 类），而在 **RcppEigen** 中实现的 “linear model solutions” 使用 `lmsol` 命名空间。

所以拿第一个示例来说，`lmsol` 命名空间中的 `ColPivQR` 类由 相同命名空间的 `lm` 基础而来，并提供对 **RcppEigen** 中 `Eigen::ColPivQR` 类的访问。

我们有时更倾向于显式表示，lmsol::ColPivQR 和 Eigen::ColPivQR 两种形式让其来源更明确。

```
class ColPivQR : public lm {
public:
    ColPivQR(const Map<MatrixXd>&, const Map<VectorXd>&);
};
class Llt : public lm {
public:
    Llt(const Map<MatrixXd>&, const Map<VectorXd>&);
};
class Ldlt : public lm {
public:
    Ldlt(const Map<MatrixXd>&, const Map<VectorXd>&);
};
class QR : public lm {
public:
    QR(const Map<MatrixXd>&, const Map<VectorXd>&);
};
class GESDD : public lm {
public:
    GESDD(const Map<MatrixXd>&, const Map<VectorXd>&);
};
class SVD : public lm {
public:
    SVD(const Map<MatrixXd>&, const Map<VectorXd>&);
};
class SymmEigen : public lm {
public:
    SymmEigen(const Map<MatrixXd>&, const Map<VectorXd>&);
};
```

代码 12.13 提供特例化的 lm 派生类

使用这些声明（实际的实现在 **RcppEigen** 中以文件 fastLm.cpp 存在），

我们可以展示 C++ 函数 fastLm() 函数的部分实现。但在我们开始之前，我们先展示两个不同的构造函数。

```
QR::QR(const Map<MatrixXd> &X,
       const Map<VectorXd> &y) : lm(X, y) {
    HouseholderQR<MatrixXd> QR(X);
    m_coef    = QR.solve(y);
    m_fitted  = X* m_coef;
    m_se      = QR.matrixQR().topRows(m_p).
                    triangularView<Upper>().
                    solve(I_p()).rowwise().norm();
}

Llt::Llt(const Map<MatrixXd> &X,
         const Map<VectorXd> &y) : lm(X, y) {
    LLT<MatrixXd> Ch(XtX().selfadjointView<Lower>());
    m_coef    = Ch.solve(X.adjoint()*y);
    m_fitted  = X* m_coef;
    m_se      = Ch.matrixL().solve(I_p()).colwise().norm();
}
```

代码 12.14 用于 lm 模型拟合的两个子类构造函数的实现

这两个示例分别展示了 **Eigen** 类使用的特别之处。对于线性模型的 QR 分解方案，系数通过对参数矩阵使用 solve() 得到。拟合值仅仅是其与原始设计矩阵的乘积，而标准差通过使用 QR 分解的性质得到。这和 Llt 方案很类似；**RcppEigen** 扩展包中的 fastLm.cpp 源文件提供全部细节。

在我们讨论实际的线性模型拟合的实现前，我们首先定义一个内联的辅助函数。其在给定矩阵 X，向量 y 和名为 type 的变量后，选择用于线性拟合的分解方案：

```
static inline lm do_lm(const Map<MatrixXd> &X,
                       const Map<VectorXd> &y,
                       int type) {
    switch(type) {
    case ColPivQR_t:
```

```
        return ColPivQR(X, y);
    case QR_t:
        return QR(X, y);
    case LLT_t:
        return Llt(X, y);
    case LDLT_t:
        return Ldlt(X, y);
    case SVD_t:
        return SVD(X, y);
    case SymmEigen_t:
        return SymmEigen(X, y);
    case GESDD_t:
        return GESDD(X, y);
    }
    throw invalid_argument("invalid type");
    return ColPivQR(X, y); // -Wall
}
```

代码 12.15 lm 模型拟合中对子类的选择

注意现在 do_lm 函数已经存在于 lmsol 命名空间内，它实例化了在代码 12.13 中声明的 lm 的子类，而不是可以获取的 **Eigen** 类。

最后，从 R 中调用的实际线性模型如下：

```
extern "C" SEXP fastLm(SEXP Xs, SEXP ys, SEXP type) {
  try {
    const Map<MatrixXd>  X(as<Map<MatrixXd> >(Xs));
    const Map<VectorXd>  y(as<Map<VectorXd> >(ys));
    Index n = X.rows();
    if ((Index)y.size() != n)
        throw invalid_argument("size mismatch");

    // 选择并使用最小二乘法
    lm ans(do_lm(X, y, ::Rf_asInteger(type)));

```

```
12      // 复制系数并命名
13      NumericVector  coef(wrap(ans.coef()));
14      List dimnames(NumericMatrix(Xs).attr("dimnames"));
15      if (dimnames.size() > 1) {
16        RObject colnames = dimnames[1];
17        if (!(colnames).isNULL())
18          coef.attr("names") = clone(CharacterVector(colnames));
19      }
20
21      VectorXd resid = y - ans.fitted();
22      int rank = ans.rank();
23      int df = (rank == ::NA_INTEGER)? n - X.cols() : n - rank;
24      double s = resid.norm() / std::sqrt(double(df));  // 标准差
25      VectorXd se = s* ans.se();
26
27      return List::create(_["coefficients"] = coef,
28                          _["se"] = se,
29                          _["rank"] = rank,
30                          _["df.residual"] = df,
31                          _["residuals"] = resid,
32                          _["s"] = s,
33                          _["fitted.values"] = ans.fitted());
34
35      } catch( std::exception &ex ) {
36          forward_exception_to_r( ex );
37      } catch(...) {
38          ::Rf_error( "c++ exception (unknown reason)" );
39      }
40      return R_NilValue; // -Wall
41  }
```

代码 12.16　RcppEigen 扩展包中实际的 fastLm 函数

这里 ans 对象和前一个代码段中的 do_lm 函数一起实例化。之后这个 ans 对象根据指定的分解类型提供一个合适的解。总而言之，这实现了对众多不同方法（后面会进行比较）进行设置的优雅方案，而只使用了极少的重复代码。这很好地展示了 C++ 设计的选择使得我们可以很高效地为 R 提供代码，同时感谢 **Eigen** 中的高级特性，使得我们可以同时高效地计算。虽然 **RcppEigen** 的文档 (Bates et al., 2012) 中展示了全部结果，但我们这里还是列出了上面代码块中所示代码的比较结果（以及 **RcppEigen** 中有，但在这里没有列出的部分）。

表 12.2 中的所有方案都是指 **RcppEigen** 扩展包中 `fastLm` 函数中实现的对应的 **Eigen** 类。例外情况是来自 **RcppArmadillo** 和 **RcppGSL** 中对应的 `fastLm` 函数的“arma”和“GSL”，以及来自 R 中基础函数的“lm.fit”。

表 12.2 RcppEigen 示例的 `lmBenchmark` 结果

方法	相对速度	使用时间	用户使用时间	系统使用时间
LDLt	1.000	4.423	4.388	0.020
LLt	1.003	4.438	4.389	0.032
SymmEig	2.629	11.629	10.253	1.320
QR	5.117	22.631	21.205	1.340
arma	5.215	23.068	77.020	15.045
PivQR	5.502	24.335	22.477	1.772
lm.fit	6.086	26.919	45.143	50.951
GESDD	9.582	42.379	126.832	39.782
SVD	33.932	150.082	145.781	3.753
GSL	115.522	510.955	601.682	701.116

时间是在一个台式机上对 100000×40 的满秩模型矩阵运行 100 次的结果。时间（Elapsed、User 和 Sys）都以秒为单位。使用的 **BLAS** 版本是 Ubuntu 12.10 中的 **OpenBLAS**。使用的处理器是一个 4 核处理器，但几乎所有算法都是单线程的，所以不受多核影响。只有 `arma`、`lm.fit`、`GESDD` 和 `GSL` 方法从 **OpenBLAS** 提供的多线程 **BLAS** 实现中受益。

从这些结果我们可以看到，基于基底和分解 $X^{\mathrm{T}}X$ 的方法（LDLt、LLt 和 SymmEig）都很快。

旋转的 QR 方法在这个测试中稍微比 R 中的 `lm.fit` 快，同时提供了几乎和 `lm.fit`（相对老版本的 R 提高了很多性能）一样多的信息。基于奇异值分解的方法（SVD 和 GSL）就慢很多，至少部分原因是因为 X 的行远比列要多。同时 GNU Scientific Library 中的 GSL 使用了一个较老的算法计算 SVD，所以很显然在这个竞赛中不具有竞争力。

我们同时注意到 `GESDD` 实现了一个有趣的混合方案，使用 **Eigen** 类的同时，调用了 LAPACK 中的 `dgesdd` 来进行 SVD 计算。这会带来比使用 **Eigen** 中 SVD 实现更好的性能。**Eigen** 中 SVD 实现虽然没有 GSL 里那样差，但依然不是一个很快的方法。

由 Doug Bates 开发并在 **RcppEigen** 中实现的示例，很好地展示了使用基于 **Rcpp** 的解决方案来加速 R 中计算的潜力。**Rcpp** 允许我们很容易地连接到现代的线性代数库，比如 **Armadillo** (Sanderson, 2010)和 **Eigen** (Guennebaud et al., 2012)。从表 12.2 中可以看到，即使和 R 提供的最快最纯粹的实现 `lm.fit` 相比，依然可以得到可观的加速。`lm.fit` 已经相当高效，并且主要由编译代码实现，它是 R 中线性模型估计底层的核心函数。

在 2013 年早些时候，CRAN 上超过 100 个和 BioConductor 上超过 10 个扩展包 都使用了 **Rcpp**，这为如何用 C++ 无缝地扩展 R 提供广泛的不同选择。`rcpp-devel` 邮件列表极具活力，**Rcpp** 的发展正在高速地继续着。我们期待关于无缝连接 R 和 C++ 中更多令人振奋的成果。

附录 A　R 程序员的 C++ 入门

章节摘要　这个简短的附录为已经熟悉（至少是有些熟悉）R 语言的程序员提供了一个很基础的 C++ 语言简介。在仅仅几页中介绍 C++ 的所有特性是不可能的。自从其在 1990 年左右出现，已经有很多人写了无数本关于 C++ 的书（我们会在最后一小节列出一些供进一步阅读）。

A.1　编译而不是解释

R 和 C++ 之间的一个重要区别就是 R 是解释型语言。其被设计成用于交互性的数据探索、可视化和建模。这个目的所带来的灵活性很自然地反映在 R 及其相同设计目的的语言的共同特征中。这包括了 “在语言上计算”，修改其他对象，函数和更多内容。

另一方面，C++ 由 C 而来，一直都需要编译。这意味着我们拿一个包含源代码的文件，使用编译器将其转化为目标代码。需要注意的是，R 现在自身包含了一个（字节码）编译器，但这和 C 或 C++ 世界中的标准编译器有所不同，因为其只是产生了解析过的表达式的一个中间层，而不是目标文件中的机器码。

我们来看一个具体的示例。如果下面的代码

```
#include <cstdio>
int main(void) {
    printf("Hello, World!\n");
}
```

代码 A.1　简单的 C++ 示例：Hello, World!

被保存在一个名为 ex1.cpp 的文件中，之后使用命令：

```
sh> g++ -c ex1.cpp
sh> g++ -o ex1 ex1.o
```

代码 A.2 编译和链接简单的 C++ 示例：Hello, World!

第一行命令使用命令行选项 `-c` 会将源文件编译为目标文件 `ex1.o`。之后使用命令行选项 `-o`，生成的目标文件会被链接为可执行文件 `ex1`。

这也可以通过一行命令完成

```
sh> g++ ex1.cpp -o ex1
```

代码 A.3 一次性编译和链接简单的 C++ 示例：Hello, World!

生成的程序 `ex1` 现在可以被执行了。它会通过调用 C 函数 `printf` 来显示文本，这作为编程语言的第一个示例非常常见。R 程序员可能会觉得这和 R 中函数 `sprintf` 很相似，其使用了相似的格式规则来打印一个字符串变量。现在注意我们在第一行指定了一个所谓的 include 文件，其包含了 `printf` 在内的很多与输入输出相关函数的声明。

在安装了 `g++` 的任何操作系统上，这些操作都是一致的，特别是在 Windows、OS X 或 Linux 上。目标文件和可执行文件的扩展名可能不同，但编译的命令是一致的。顺便说一句，这种跨系统的可移植性是 R 也同时具备的一个非常有用的特性。

我们也可以使用其他编译器，只要其被 R 系统本身支持。正如在第 2 章中提到的，这不包括 Microsoft 的编译器，但包括很多平台上的（商用）Intel 编译器，安装在 Solaris 或 Linux 上的 Sun 编译器，以及一些较旧的 Unix 编译器，比如 IBM AIX 编译器和 HP UX 编译器。然而，这些操作系统并不常用，我们将集中精力在 `g++` 上。

和编译相关的第二个重要问题是，如何在其他项目的基础之上进行编译，从而使用已有的库（提供代码）和头文件（提供声明）。比如，R 环境提供了一个单独的库，其中包括了很多在 R 中使用的数学、概率和随机数生成的函数 (R Development Core Team, 2012d, section 16.6)。

考虑下面的例子，这里使用了 R 中独立的数学库来计算 $N(0,1)$ 分布的 95% 分位数。

```
#include <cstdio>
#include <Rmath.h>
int main(void) {
    printf("N(0,1) 95th percentile %9.8f\n",
        qnorm(0.95, 0.0, 1.0, 1, 0));
}
```

代码 A.4 使用 **Rmath** 的简单 C++ 示例

我们通过下列命令来编译这个程序

```
sh> g++ -c ex2.cpp -DMATHLIB_STANDALONE -I/usr/include
sh> g++ -o ex2 ex2.o -L/usr/lib -lRmath
```

代码 A.5 使用 **Rmath** 编译和链接 C++ 的简单示例

在编译步骤中多了两个新选项。首先，我们使用 `-I/usr/include` 选项，来通知编译器在哪里去找头文件 `Rmath.h`（其中包含了函数声明）。我们定义了一个变量 `MATHLIB_STANDALONE` 来独立地使用这个库，这与其在 R 引擎中的一般部署不同。其次，在链接步骤，选项 `-L/usr/lib` 来指明库的位置，而 `-lRmath` 允许我们从文件 `libRmath.so`（静态链接时使用 `libRmath.a`）来链接 R 的数学库。在这个特例里，头文件和库的位置实际上都是系统默认位置。这意味着其实我们可以将二者省略，然而，即使在不需要指定时显式标明位置也是有指导意义的，比如用户在 home 目录中本地安装的库。

了解编译和链接选项以及常见的错误信息，对于和编译代码打交道是很重要的。虽然在多数情况下，R 通过命令 `R CMD COMPILE` 或 `R CMD LINK` 提供了完整的封装，但是了解基本的编译和链接选项，对于测试或对可能的编译问题进行调试也是很有帮助的。

A.2 静态类型

R 和 C++ 之间的第二个重要区别在于动态和静态类型的区别。在 R 中，一个表达式在赋值时决定变量的类型。换而言之，在代码 A.6 中，变量 `x` 最初被赋予了一个从 `rnorm` 函数返回的长度为 10 的数值型（或浮点型）向量。之后 `x` 的值被一个确定的字符串替代。这是完全正确的 R 代码，表达式的结果决定其赋值的变量类型：动态类型。

```
R> x <- rnorm(10)
R> x <- "some text"
```

代码 A.6 R 中动态类型的简单示例

诸如 C 或 C++ 的静态类型语言是不同的。变量需要事先声明，将变量赋予一个特定的类型。只要变量在其作用域中，类型就是确定的，这可能会等程序运行完，或者退出当前作用域（由一对花括号定义）。从一种类型对另一种类型的赋值中有一些是可能的。例如，将一个浮点数 `3.1415` 赋值给一个整数会将其数值截取（而不是近似）为 3。再将其赋值回一个浮点数会得到 3.0。换而言之，赋值操作可能会（也可能不会）丢失精度，这取决于变量自身和赋值到的类型。

C++ 中的标准变量类型包括：

- 不同长度的整型，从而支持的数值范围不同；`int` 和 `long` 是最常见的；它们也可以声明为 `unsigned` 无符号类型，这样就不包括负数，从而使涵盖的整数的范围翻倍。
- 低精度浮点数（`float`）和高精度浮点数（`double`）。
- 逻辑值，如 `bool`。
- 字符，诸如 `char`，但这是单独的字母或符号，并不是像字符串那样的组合，没有字符串的基本类型（但下面会提到 STL string）。

另一个关键区别在于这些类型都是标量。也可以像在 C 中一样生成编译时确定大小或动态分配的向量。但这是可以通过使用 STL 类型而几乎完全避免的特性，后面会讨论这一点。

A.3 一个更好的 C

C++ 可以被看成是一个更好的 C。实际上，在 Meyers 的书 (Meyers, 2005) 中，C++ 被看做是四种语言组成的语言联邦，而 C 就是其中之一。这里我们需要回顾一些 C++ 的核心语言要素，实际上和 R 语言非常相似。

控制结构

C++ 中有很多和 R 中非常类似的控制结构：

- `for` 循环是非常常见的结构；其包含三个元素，分别为**初始化**、**终止标准**和递增。所以在代码 A.7 这个循环中，变量 i 的变化范围从 0 到 9，一共进入了循环体 10 次。当表达式 i<10 的结果不再为真的时候，代码继续执行 for 代码块之后的部分。

```
for (int i=0; i<10; i++) {
    // some code here
}
```

代码 A.7 简单的 C++ 循环示例

- while 也非常类似，其包含一个逻辑型表达式，只要条件为真，就会进入循环体；一个相关但使用较少的变体是 do 关键字在前，之后是循环体，最后进行条件检验；最后，关键字 break 和 next 分别退出循环体和进入下一轮循环。
- if 语句和 R 中所使用的语句非常相似，else 代码块可选，并允许嵌套；这几乎没有区别。
- switch 语句是多个 if/else 的另一种表达方式，一个单独语句对 case 标记的表达式进行求值和条件匹配，之后执行，或者选择默认值。

函数

C++ 中的函数也和 R 中有很多共同点。函数可以被定义为接受多个参数。参数匹配总是根据位置进行；R 中按名称传递参数在 C++ 中是不允许的。我们需要提供所有列出的函数参数。一个示例就是我们上面调用的 qnorm 函数，其有 5 个参数。其 R 版本最多有 5 个参数，但如果调用 qnorm(0.95)，会使用 mean、standard deviation、lower tail 和 logarithmic 的默认值。在 C++ 中，我们显式地列出 5 个参数（尽管在函数定义时，我们也可以提供参数的默认值）。

因为 C++ 是静态类型的，其函数名和参数类型都可以决定函数的不同。这意味着下面两个函数的声明实际上是不同的。对于 min(4, 5) 和 min(4.0, 5.0) 编译器会调用相应的函数。下面将讨论的模板提供了为不同变量类型开发更一般函数的方法。

```
int min(int a, int b);
double min(double a, double b);
```

代码 A.8 简单的 C++ 函数示例

指针和内存管理

指针和内存管理是一个很重要的进阶话题，特别是对 C 编程而言。在 C++ 中，很多情况下都可以避免使用指针，从而避免这个饱受批评的行为。

有两种常见的使用指针的情形。第一种有关动态内存分配。在 C 中，在运行时保留一个给定大小的向量或数组（比如说 double 类型）的唯一方法就是声明一个 double 指针。在运行时，当我们确定所需的大小时，这个指针被赋予一块合适大小的动态分配内存，其大小由需要的元素个数乘以一个 double 类型的大小来决定。使用之后，这块内存需要被释放，否则会造成内存泄露，也就是说这块内存被分配却没有被使用，这造成了系统资源的浪费。这个过程听起来是纯手动和很容易犯错的，的确就是这样。但使用 C++ 和后面讨论的标准模板库（STL）时，我们不需要依赖这种方法来使用动态大小的向量或数组。

另一种需要考虑的情况是传参数到函数。在 C 和 C++ 中，有两种传参数的方法。第一种是“传值”，参数的一个拷贝被传递到程序。其可以随意改动，而不会影响调用的函数及其数值。这是种很安全的方法，即使很多时候效率很低（很大的数据会被整体拷贝）甚至不可实现。第二种是“传引用”。这时一个指针被传递过去，从而可以访问原有的内存地址。这一般会更高效，而且是改变一个对象的唯一方法。C++ 通过提供无指针的传引用来在这一点上有所改善。

```
1  #include <cstdio>
2  void abs(double & x) {
3     if (x < 0)
4        x = -x;
5  }
6  int main(void) {
7     double x = -3.4;
8     printf("%f\n", x);
9     abs(x);
10    printf("%f\n", x);
11 }
```

代码 A.9 简单的 C++ 函数调用示例

这里定义和测试了一个函数，其将自己的参数转换为参数的绝对值。其输出结果最初是负的，之后是正的。虽然没有使用指针，其值依然被改变了，因为变量是通过引用传递的，函数签名里的 & 暗示了这一点。（这个示例是故意编造的，当我们写一个函数来求绝对值时，我们一般返回更改过的结果，而不是改变参数。）

A.4 面向对象编程（但与 S3 或 S4 不同）

根据 Meyers 的书 (Meyers, 2005)，四种语言组成的 C++ 语言联邦的第二部分是面向对象的 C++。关于怎样使用和为什么使用面向对象编程，无论是一般的讨论，还是针对 C++ 的特定讨论，都是非常复杂的，而 C++ 也是一门相当复杂的语言。但一些高层次的概念却简单到可以在几个段落里讲明白，我们这里只针对这些高层次的概念。

C++ 中基本的复合类型是 struct，这是从 C 继承而来的。其提供了复合类型的最基本形式，允许我们将多个变量组成一个新定义的类型。

```
1  struct Date {
2     unsigned int year
3     unsigned int month;
4     unsigned int date;
5  };
6
7  struct Person {
8     char firstname[20];
9     char lastname[20];
10    struct Date birthday;
11    unsigned long id;
12 };
```

代码 A.10 使用 struct 的简单 C++ 数据结构

这里我们定义了一个 Date 类型，其包含 year、month 和 date 三个单独的无符号整数。这个结构在 Person 结构中被重复使用。到现在一切良好。那有什么问题呢？首先，所有的数据类型都是默认是 public 的，也就是说任何有权限使用这个结构的代码都可以更改其数值。第二，这个结构真的是只包含了数据，而没有任何代码。

class 数据类型通过将方法（类特有的方法）和类相关联来解决这两个问题。更进一步，数据现在可以是 public（对所有可见）、private（只对该类的方法可见）或 protected（和继续有关的一个更改，我们这里先忽略它）。

一个 Date 类的声明框架可以如下所示：

```
class Date {
private:
   unsigned int year
   unsigned int month;
   unsigned int date;
public:
   void setDate(int y, int m, int d);
   int getDay();
   int getMonth();
   int getYear();
}
```

代码 A.11 使用 class 的简单 C++ 数据结构

这个类包含了上面提到的一些更改。Date 域现在是私有的：数据不能在类外部被直接访问。为了访问数据，我们现在有了访问函数。第一个函数用于设定日期，为了这样做，需要对提供的日期是否合法进行判断。之后的三个函数用于获取日期的组成。函数体的具体实现会通过一个对应的 cpp 文件提供，将头文件中的函数声明进行补全。

A.5 泛型编程和 STL

STL 提供了 Meyers 的书 (Meyers, 2005)提到的“四种语言组成的联邦”的第三部分。STL 已经成为 C++ 编程效率和泛型编程的标志 (Austen, 1999)。在这个语境中，“泛型”意味着无论使用怎样的数据类型，都提供了一个一致的接口。

作为很好的示例，我们考虑所谓的序列容器类型，比如 vector、deque 和 list。其中每种类型都支持通用的函数，如

push_back() 在末尾插入元素

pop_back() 从起始位置移除元素

begin() 返回指向第一个元素的迭代器

end() 返回指向最后一个元素后面元素的迭代器

size() 元素的个数

还有更多的类似函数。然而，由于提供了不同于 vector 的性能保证和实现细节, list 提供了互补的函数，如 push_front() 和 pop_front()，而 vector 中没有。另一方面，v[i] 可以获取向量中索引为 i 的元素（随机读取），而列表不得不进行遍历。deque 类提供了 vector 和 list 的特性，从而可以看成是二者的相互妥协或超集。

其他经常使用的容器类型都是关联性的:

set 键和值相同的对象集合；其提供了诸如并集和交集的集合操作。

multiset 是对 set 的扩展，其允许多个元素有相同的键。

map 键和值成对的关联容器；二者可以是不同的数据类型，比如一个数值型的索引（比如由整型代表的邮政编码）和由字符串组成的城市的名字组成映射。

multimap 对 map 的扩展，对一个给定的键，允许不限个数的值。

以及上述类型的哈希版本。在 STL 最初的 SGI 实现中，这些以 hash_* 命名，但在新的 C++ 标准的 TR1 实现中选择了以 ordered_* 命名。

序列容器和关联容器的一个共同点是通过 iterator 进行遍历。考虑下面这个 vector 类的示例，我们使用了 const_iterator 变种，这意味着我们只能读取其中元素而不能进行更改:

```
std::vector<double>::const_iterator si;
for (si=s.begin(); si != s.end(); si++) {
   std::cout << *si << std::endl;
}
```

代码 A.12 在 vector 上使用迭代器的简单 C++ 示例

我们可以简单地将迭代器类型改为 list，之后使用完全一样的 for 循环

```
std::list<double>::const_iterator si;
```

代码 A.13 在 list 上使用迭代器的简单 C++ 示例

或者将其改为 deque 类型

```
std::deque<double>::const_iterator si;
```

代码 A.14 在 deque 上使用常量迭代器的简单 C++ 示例

这展示了 STL 操作符的泛型本质。

STL 中还包含了很多算法，一个简单的 accumulate 算法可以如下使用

```
std::cout << "Sum is "
          << std::accumulate(s.begin(), s.end(), 0)
          << std::endl;
```

代码 A.15 使用 accumulate 方法的简单 C++ 示例

这与对象 s 是从什么类型继承而来的无关，只要其支持迭代器访问、begin() 和 end() 就可以。第三个参数是加和的初始值，这里我们设置成了 0。

其他流行的泛型算法包括：

find 用于寻找等于提供数值的第一个元素，如果存在。

count 对于满足给定条件的元素进行计数。

transform 将提供的一个一元或二元函数作用到每个元素之上。

for_each 扫描所有的元素但不进行更改。

inner_product 可以用于计算两个向量的内积，或者一个向量的平方和。

这里很关键的一点是这些算法和迭代器可以应用于不同的数据结构，顺序容器以及关联容器，而只需非常少的改动。STL 的"泛型"编程就是这个意思。

还有更多的算法可以使用，很多书籍都进行了描述，比如，Meyers 的书 (Meyers, 2001)。最后提一点，STL 过去是一个外部库，现在已经是语言标准的一部分，所以使用"STL"这个词已经不很准确了。标准 C++ 库的说法更准确。然而，使用 STL 来表示标准库的一部分仍是很常见的，这反应了其历史来源，从当时很小的一个标准库扩充而来。

A.6 模板编程

模板编程提供了 Meyers (Meyers, 2005)所说的 C++ 语言联邦的第四部分，也是最后一部分。这可以说是最复杂的一部分，也是 C++ 区别相关语言如 Java 或 C# 的地方。

模板编程及其使用可以非常简单，也可以非常复杂。更复杂的模板使用示例通过模板元编程技术提供。这是 **Armadillo** (Sanderson, 2010)、**Eigen** (Guennebaud et al., 2012)和第 8 章里讨论的 Rcpp sugar 的核心。

然而，这一小节里我们会着重于简单的模板使用。前面的例子中我们考虑了对整型和浮点数不同的 `min` 函数。一个更一般的解决方案可以使用模板实现：

```
template <typename T>
const T& min(const T& x, const T& y) {
    return y < x ? y : x;
}
```

代码 A.16 简单的 C++ 模板示例

这返回了一个对模板化类型 `T` 的常量引用，这也用于输入类型。使用了标准的 C 比较操作的单一表达式会返回两个参数 `x` 和 `y` 中的较小值。

在 2.5.2 节中，我们已经展示过一个简单的模板使用。那一小节中主要用于展示如何将 **inline** 扩展包与简单的文本和类似头文件的代码块结合起来。作为一个具体的示例，下面展示的模板类会求其输入的平方：

```
template <typename T>
class square : public std::unary_function<T,T> {
public:
    T operator()( T t) const {
        return t*t;
    }
};
```

代码 A.17 另一个 C++ 模板示例

Rcpp 源代码中大量使用了模板。**Rcpp** 的关键组成部分，比如 `as<>()`，都是使用模板实现的。转换函数 `as<>()` 接受一个模板类型，之后根据其输入类型将其转换为一个 `SEXP`（假设提供了合适的转换，否则会抛出异常）。然而，通过 `wrap` 提供的相反功能，却是个不使用模板的标准函数：调度是基于主参数类型完成的。

模板编程对于 C++ 使用是一个更高级的形式。其可以变得更复杂而不是更快；所以我们这里只向读者提供参考文献，而不深入挖掘。

A.7 C++ 的进一步推荐读物

这门编程语言的创造者 Stroustrup 提供了 C++ 的标准参考和简介 (Stroustrup, 1997)。但这本书一般不推荐作为学习 C++ 的第一本书，Lippman 的书 (Lippman et al., 2012) 更常被推荐。这里强烈推荐 Meyers 的书 (Meyers, 1995, 2001, 2005)，可读性很强，并且可以看做是 C++ 和 STL 使用的最佳范例。

由于 C++ 是一门流行且被广泛使用的编程语言，网络上也存在很多很好的资源。维基百科的页面[1] 提供了很多进一步的参考，可以作为很好的开端。Brokken 提供了一本很值得推荐和免费下载的 C++ 介绍书籍 (Brokken, 2014)，这本书自从 1994 年起一直维护和扩展至今。Abrahams (Abrahams and Gurtovoy, 2004) 和 Vandevoorde (Vandevoorde and Josuttis, 2003) 也提供了很好的模板编程简介。

最后，在众多 C++ 项目中，**Boost**（`http://www.boost.org`）非常出众，值得特别关注。**Boost** 是一系列被严格开发和经过同行评审的库的集合。一些 **Boost** 库会被加入下一个版本的 C++ 标准。

---

[1] `http://en.wikipedia.org/wiki/C++`。

参考文献

Abrahams, D. and Grosse-Kunstleve, R. W. *Building Hybrid Systems with Boost.Python*, 2003. URL `http://www.boostpro.com/writing/bpl.pdf`.

Abrahams, D. and Gurtovoy, A. *C++ Template Metaprogramming: Concepts, Tools, and Techniques from Boost and Beyond (C++ in Depth Series)*. Addison-Wesley Professional, 2004. ISBN 0321227255.

Adler, D. *rdyncall: Improved Foreign Function Interface (FFI) and Dynamic Bindings to C Libraries*, 2012. URL `http://CRAN.R-project.org/package=rdyncall`. R package version 0.7.5.

Albert, C. and Vogel, S. *GUTS: Fast Calculation of the Likelihood of a Stochastic Survival Model*, 2012. URL `http://cran.r-project.org/package=GUTS`. R package version 0.1.45.

Armstrong, W. *RAbstraction: C++ abstractions for R objects*, 2009a. URL `https://github.com/armstrtw/rabstraction`.

Armstrong, W. *RObjects: C++ wrappers for R objects (a better implementation of RAbstraction)*, 2009b. URL `https://github.com/armstrtw/RObjects`.

Auguie, B. *cda: Coupled dipole approximation of light scattering by clusters of nanoparticles*, 2012a. URL `http://cran.r-project.org/package=cda`. R package version 1.5.1.

Auguie, B. *planar: Multilayer optics*, 2012b. URL `http://cran.r-project.org/package=planar`. R package version 1.5.

Austen, M. H. *Generic Programming and the STL: Using and Extending the C++ Standard Template Library*. Addison-Wesley Professional, 1999. ISBN 0201309564.

Bates, D. and DebRoy, S. C++ classes for R objects. In *Proceedings of DSC*, page 2, 2001.

Bates, D. and Eddelbuettel, D. Fast and elegant numerical linear algebra using the RcppEigen package. *Journal of Statistical Software*, 52(5):1–24, 2013.

Bates, D., Eddelbuettel, D., and François, R. *RcppEigen: Rcpp integration for the Eigen templated linear algebra library*, 2012. URL `http://cran.r-project.org/package=RcppEigen`. R package version 0.3.2.1.1.

Bates, D., Mullen, K. M., Nash, J. C., and Varadhan, R. *minqa: Derivative-free optimization algorithms by quadratic approximation*, 2014. URL `http://cran.r-project.org/package=minqa`. R package version 1.2.3.

Brokken, F. B. *C++ Annotations*. University of Groningen, version 9.8.2 edition, 2014. URL `http://www.icce.rug.nl/documents/cplusplus/`.

Chambers, J. M. *Programming with Data: A Guide to the S Language*. Springer, 1998. ISBN 0387985034.

Chambers, J. M. *Software for Data Analysis: Programming with R (Statistics and Computing)*. Springer, 2008. ISBN 0387759352.

Chambers, J. M. and Hastie, T. *Statistical Models in S*. Chapman and Hall/CRC, 1991. ISBN 041283040X.

Eddelbuettel, D. *RcppCNPy: Rcpp bindings for NumPy files*, 2012a. URL `http://cran.r-project.org/package=RcppCNPy`. R package version 0.2.3.

Eddelbuettel, D. *RcppDE: Global optimization by differential evolution in C++*, 2012b. URL `http://cran.r-project.org/package=RcppDE`. R package version 0.1.2.

Eddelbuettel, D. and François, R. *RcppGSL: Rcpp integration for GNU GSL vectors and matrices*, 2010. URL `http://cran.r-project.org/package=RcppGSL`. R package version 0.2.0.

Eddelbuettel, D. and François, R. *Rcpp: Seamless R and C++ Integration*, 2012a. URL `http://cran.r-project.org/package=Rcpp`. R package version 0.10.0.

Eddelbuettel, D. and François, R. *RcppBDT: Rcpp bindings for the Boost Date_Time library*, 2012b. URL `http://cran.r-project.org/package=RcppBDT`. R package version 0.2.2.

Eddelbuettel, D. and François, R. *RcppClassic: Deprecated 'classic' Rcpp API*, 2012c. URL `http://cran.r-project.org/package=RcppClassic`. R package version 0.9.5.

Eddelbuettel, D. and François, R. *RInside: C++ classes to embed R in C++ applications*, 2012d. URL `http://cran.r-project.org/web/package=RInside`. R package version 0.2.10.

Eddelbuettel, D. and Nguyen, K. *RQuantLib: R interface to the QuantLib library*, 2014. URL `http://cran.r-project.org/web/package=RQuantLib`. R package version 0.3.12.

Eddelbuettel, D., François, R., and Bates, D. *RcppArmadillo: Rcpp integration for Armadillo templated linear algebra library*, 2012. URL `http://cran.r-project.org/package=RcppArmadillo`. R package version 0.4.000.2.

Fellows, I. *wordcloud: Word Clouds*, 2012. URL `http://cran.r-project.org/package=wordcloud`. R package version 2.4.

François, R. *highlight: Syntax highlighter*, 2012a. URL `http://cran.r-project.org/package=highlight`. R package 0.4.4.

François, R. *parser: Detailed R source code parser*, 2012b. URL `http://cran.r-project.org/package=parser`. R package version 0.1.

Galassi, M., Davies, J., Theiler, J., Gough, B., Jungman, G., Alken, P., Booth, M., Rossi, F., and Ulerich, R. *GNU Scientific Library Reference Manual - Third Edition.* Network Theory Ltd., 2010. ISBN 0954612078.

Gentleman, R. *R Programming for Bioinformatics (Chapman & Hall/CRC Computer Science & Data Analysis).* Chapman and Hall/CRC, 2009. ISBN 1420063677.

Gropp, W., Lusk, E., Doss, N., and Skjellum, A. A high-performance, portable implementation of the MPI message passing interface standard. *Parallel Computing*, 22(6):789–828, Sep 1996. doi: 10.1016/0167-8191(96)00024-5. URL `http://dx.doi.org/10.1016/0167-8191(96)00024-5`.

Gropp, W., Lusk, E. L., and Skjellum, A. *Using MPI - 2nd Edition: Portable Parallel Programming with the Message Passing Interface (Scientific and Engineering Computation).* The MIT Press, 1999. ISBN 0262571323.

Guennebaud, G., Jacob, B., et al. *Eigen*, 2012. URL `http://eigen.tuxfamily.org`.

Hankin, R. K. S. *gsl: Wrapper for the GNU Scientific Library*, 2011. URL `http://cran.r-project.org/package=gsl`. R package version 1.9-9.

Java, J. J., Gaile, D. P., and Manly, K. F. R/cpp: Interface classes to simplify using R objects in C++ extensions. *Unpublished manuscript, University at Buffalo, URL http://sphhp. buffalo. edu/biostat/research/techreports/UB_-Biostatistics_TR0702. pdf*, 2007.

Jurka, T. P. and Tsuruoka, Y. *maxent: Low-memory Multinomial Logistic Regression with Support for Text Classification*, 2012. URL `http://cran.r-project.org/package=maxent`. R package 1.3.3.1.

King, M. and Diaz, F. C. *RSofia: Port of sofia-ml (http://code.google.com/p/sofia-ml/) to R*, 2011. URL `http://cran.r-project.org/package=RSofia`. R package version 1.1.

Kusnierczyk, W. *rbenchmark: Benchmarking routine for R*, 2012. URL `http://cran.r-project.org/packages=rbenchmark`. R package version 1.0.

Leisch, F. Creating R Packages: A Tutorial. In Brito, P., editor, *Compstat 2008-Proceedings in Computational Statistics.*, Heidelberg, Germany, 2008. Physica Verlag. URL `http://cran.r-project.org/doc/contrib/Leisch-CreatingPackages.pdf`.

Liang, G. *rcppbind: A template library for R/C++ developers.*, 2008. URL `http://r-forge.r-project.org/projects/rcppbind/`. R package version 1.0.

Lippman, S. B., Lajoie, J., and Moo, B. E. *C++ Primer (5th Edition).* Addison-Wesley Professional, 2012. ISBN 0321714113.

Matloff, N. *The Art of R Programming: A Tour of Statistical Software Design.* No Starch Press, 2011. ISBN 1593273843.

Meyers, S. *More Effective C++: 35 new ways to improve your programs and designs.* Pearson Education, 1995.

Meyers, S. *Effective STL: 50 specific ways to improve your use of the standard template library.* Pearson Education, 2001.

Meyers, S. *Effective C++: 55 Specific Ways to Improve Your Programs and Designs (3rd Edition).* Addison-Wesley Professional, 2005. ISBN 0321334876.

R Development Core Team. *R Installation and Administration.* R Foundation for Statistical Computing, Vienna, Austria, 2012a. ISBN 3-900051-09-7. URL `http://cran.r-project.org/doc/manuals/R-admin.html`.

R Development Core Team. *R Internals.* R Foundation for Statistical Computing, Vienna, Austria, 2012b. ISBN 3-900051-14-3. URL `http://cran.r-project.org/doc/manuals/R-ints.html`.

R Development Core Team. *R language.* R Foundation for Statistical Computing, Vienna, Austria, 2012c. ISBN 3-900051-13-5. URL `http://cran.r-project.org/doc/manuals/R-lang.html`.

R Development Core Team. *Writing R Extensions.* R Foundation for Statistical Computing, Vienna, Austria, 2012d. ISBN 3-900051-11-9. URL `http://cran.r-project.org/doc/manuals/R-exts.html`.

Runnalls, A. R. Aspects of CXXR internals. *Computational Statistics*, 26(3): 427–442, 2011.

Sanderson, C. Armadillo: An open source C++ linear algebra library for fast prototyping and computationally intensive experiments. Technical report, NICTA, 2010. URL `http://arma.sf.net/`.

Sklyar, O., Murdoch, D., Smith, M., Eddelbuettel, D., and François, R. *inline: Inline C, C++, Fortran function calls from R*, 2012. URL `http://cran.r-project.org/web/package=inline`. R package version 0.3.13.

Stroustrup, B. *The C++ Programming Language (3rd Edition)*. Addison-Wesley Professional, 1997. ISBN 0201327554.

Temple Lang, D. A modest proposal: an approach to making the internal R system extensible. *Computational Statistics*, 24(2):271–281, 2009a.

Temple Lang, D. Working with meta-data from C/C++ code in R: the RGCCTranslationUnit package. *Computational Statistics*, 24(2):283–293, 2009b.

Thomas, A. and Redd, A. *transmission: Continuous time infectious disease models on individual data*, 2012. URL `http://cran.r-project.org/web/package=transmission`. R pacakge version 0.1.

Urbanek, S. Rserve: A fast way to provide R functionality to applications. In Kurt Hornik, A. Z., Friedrich Leisch, editor, *Proceedings of the 3rd International Workshop on Distributed Statistical Computing (DSC 2003)*, TU Vienna, Austria, 2003.

Urbanek, S. *Rserve: Binary R server*, 2012. URL `http://cran.r-project.org/package=Rserve`. R package version 1.7-3.

Vandevoorde, D. and Josuttis, N. M. *C++ Templates: The Complete Guide*. Addison-Wesley Professional, 2003. ISBN 0201734842.

Venables, W. and Ripley, B. D. *S Programming (Statistics and Computing)*. Springer, 2000. ISBN 0387989668.

主题索引

软件索引

作者索引

M

N

P

R

S

T

U

V

W